AF557383

Ein Gefügeatlas

Computertomographie von Ackerböden zur Beurteilung des Bodengefüges

Wie kann der Landwirt die Bodenstruktur so optimieren, dass sie auch extremer Witterung standhält?

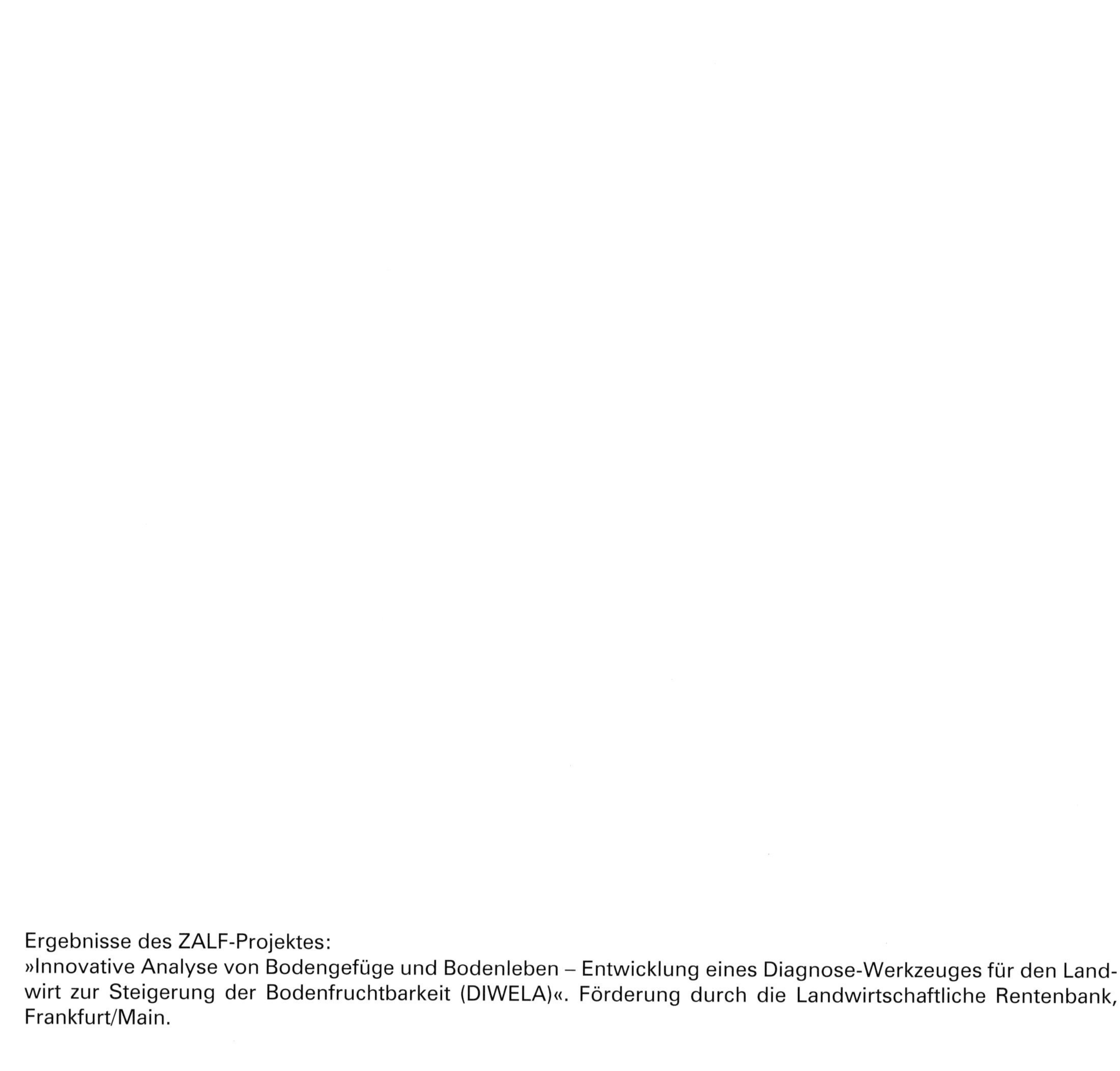

Ergebnisse des ZALF-Projektes:
»Innovative Analyse von Bodengefüge und Bodenleben – Entwicklung eines Diagnose-Werkzeuges für den Landwirt zur Steigerung der Bodenfruchtbarkeit (DIWELA)«. Förderung durch die Landwirtschaftliche Rentenbank, Frankfurt/Main.

Ein Gefügeatlas

Computertomographie von Ackerböden zur Beurteilung des Bodengefüges

Wie kann der Landwirt die Bodenstruktur so optimieren, dass sie auch extremer Witterung standhält?

agrathaer GmbH (Herausgeber)

Autoren

Monika Joschko (ZALF e. V.), **Tamas Harrach** (Justus-Liebig-Universität Gießen, Institut für Bodenkunde und Bodenerhaltung), **Bernhard Illerhaus** (BAM), **Guido Fritsch**, **Thomas B. Hildebrandt** (IZW), **Dietmar Barkusky** (ZALF e. V.), **Jana Epperlein** (GKB e. V.), **Marion Senger** (Landwirtschaftskammer Niedersachsen), **Martin Schulze** (Landwirtschaftsbetrieb Martin Schulze, Dolgelin), **Andreas Muckwar** (Fürstenwalder Agrargenossenschaft), **Bernhard Keil** (Oberfinanzdirektion Frankfurt am Main), **Katrin Kuka** (Julius-Kühn Institut), **Felix Gerlach** (Komturei Lietzen GmbH), **Dietmar Meinel** (BAM), **Michael Schurig** (Sächsisches Landesamt für Umwelt, Landwirtschaft und Geologie) und **Isabell Szallies** (agrathaer GmbH)

unter Mitwirkung von

Anita Beblek, Sonoko Bellingrath-Kimura, Benedikt Bösel, Marcel Budras, Burkhard Fromme, Ines Burow-Graßmel, Dieter Helm †, Wilfried Hierold, Johannes Hufnagel, Sebastian Jarosz, Juan Jimenez, Gregorz Joszko, Tobiasz Joszko, Anna-Lena Katzwinkel, Bernhard Katzwinkel, Adrian Krolczyk, Christoph Landau, Peter Lentzsch, Lei Li, Marc Paschen, Jürgen Reinhold, Gunild Rosner, Helmut Rogasik, Marek Rozniak, Ehsan Sayad, Hermann Schaaf, Michael Schirrmann, Holger Schulz, Matthias Willms und Ralf Wieland.

Verlag Dr. Friedrich Pfeil
Günding 2024 · ISBN 978-3-89937-288-5

Impressum

Bibliografische Information der Deutschen Nationalbibliothek

Die Deutsche Nationalbibliothek verzeichnet diese Publikation in der Deutschen Nationalbibliografie; detaillierte bibliografische Daten sind im Internet über http://dnb.dnb.de abrufbar.

Titelbild:
Entnahme einer ungestörten Bodenprobe für die Röntgen-Computertomographie mit einem Probenahmegerät der Umwelt-Geräte-Technik (UGT) GmbH, Müncheberg. Bodenoberfläche Winterraps, nach Direktsaat, Betrieb Burkhard Fromme (Niedersachsen). Foto: Monika Joschko

Herausgeber: agrathaer GmbH, Eberswalder Straße 84, 15374 Müncheberg; unter Mitarbeit des Leibniz-Zentrums für Agrarlandschaftsforschung (ZALF) e. V., Müncheberg
Redaktion: Dr. Monika Joschko, ZALF
Druckvorstufe: Verlag Dr. Friedrich Pfeil, Günding
Druck: PBtisk a.s., Příbram I – Balonka

Printed in the European Union

ISBN 978-3-89937-288-5

Gedruckt auf alterungsbeständigem und säurefreiem Papier

Verlag Dr. Friedrich Pfeil
Hauptstraße 12 B
85232 Bergkirchen OT Günding, Germany
Tel. +49 8131 6146590
Fax +49 8131 6146591
E-Mail: info@pfeil-verlag.de
www.pfeil-verlag.de

agrathaer
Management & Innovation

zalf

Bildnachweis

Soweit nicht anders angegeben, sind alle Bilder im Rahmen des DIWELA-Projekts entstanden.

Das Projekt »Innovative Analyse von Bodengefüge und Bodenleben – Entwicklung eines Diagnose-Werkzeugs für den Landwirt zur Steigerung der Bodenfruchtbarkeit (DIWELA)« nebst Gefügeatlas wurde 2015–2021 durch die Landwirtschaftliche Rentenbank, Frankfurt Main gefördert sowie durch das Bundesministerum für Landwirtschaft (BML) und das Ministerium für Landwirtschaft, Umwelt und Klimaschutz (MLUK) unterstützt.

Zu den Abbildungen im Gefügeatlas gibt es eine Datenpublikation des ZALF mit umfangreichem Datenmaterial: Monika Joschko (2024): Ein Gefügeatlas. Computertomographie von Ackerböden zur Beurteilung des Bodengefüges. Wie kann der Landwirt die Bodenstruktur so optimieren, dass sie auch extremer Witterung standhält?
Dataset, BonaRes Repository

https://doi.org/10.4228/ZALF-QEKJ-CE04

INHALT

Abb. 1. Der Regenwurm (Tauwurm) Lumbricus terrestris. – Foto: Stefanie Krück

Otto Graff gewidmet

Otto Graff (1917–2014), apl. Professor an der Universität Gießen, war ein international anerkannter Regenwurmexperte und Pionier einer landwirtschaftlichen Bodenzoologie. Er war der erste Bodenzoologe, der an ein landwirtschaftliches Forschungsinstitut in Deutschland berufen wurde (1950 an das damalige Institut für Humuswirtschaft der Bundesforschungsanstalt für Landwirtschaft in Braunschweig-Völkenrode, der Vorgängereinrichtung des Thünen-Institutes).

»Regenwürmer sind die wichtigsten Bodentiere für die Landwirtschaft und wesentliche Gestalter des Bodengefüges.«

VORWORTE

»Alle verfügbaren Informationen müssen den Landwirten anwendungsbereit an die Hand gegeben werden, damit sie die besten Entscheidungen für ihr Nutzungssystem fällen können«

(Cornelia Müller, Ministerium für Landwirtschaft, Umwelt und Klimaschutz, Brandenburg, RL Acker- und Pflanzenbau, 2021).

Landwirte sind Verwalter der globalen Bodenressourcen. Um den Boden optimal bewirtschaften zu können, brauchen Landwirte gute Instrumente und Hilfsmittel zur Einschätzung des aktuellen Bodenzustandes. Eines dieser Instrumente ist die digitale Bodengefügeanalyse.

Analog zur medizinischen Diagnostik des menschlichen Körpers ermöglicht ein Blick in das Innere des Bodens die Beurteilung seines Gesundheitszustandes sowie damit verbundene Folgewirkungen und mögliche Ursachen.

Das Bodengefüge umfasst die wesentlichen Bestandteile des belebten Bodens in ihrer ursprünglichen Lage. Für die Gestaltung und Bewertung von landwirtschaftlichen Anbausystemen ist das Bodengefüge von entscheidender Bedeutung, weil es die Auswirkungen unterschiedlicher Maßnahmen auf den Boden veranschaulicht und verständlich werden lässt. Zur Bewertung der Anbausysteme auf solider Basis ist eine Diagnosewerkzeug notwendig, wie es im DIWELA-Projekt entwickelt wurde. Dieses Werkzeug und die Ergebnisse werden in diesem Kompendium vorgestellt und es werden Empfehlungen für die Bewirtschaftung ausgesprochen.

Monika Joschko

Das Bodengefüge, in der Praxis spricht man von Bodenstruktur, ist eine leicht veränderliche, stark gefährdete Ressource von großer praktischer Bedeutung. Die Beschaffenheit des Bodengefüges beeinflusst den Luft-, Wasser- und Wärmehaushalt des Bodens, die Durchwurzelbarkeit, die Keimung und das Auflaufen von Saaten, das Pflanzenwachstum sowie nicht zuletzt die Ertragsbildung. Besondere Bedeutung hat die Bodenstruktur direkt an der Bodenoberfläche. Bei unzureichender Gefügestabilität durch z. B. häufige und intensive Bodenbearbeitung, verschlämmt der Boden und behindert somit die Infiltration von Niederschlägen. Es bildet sich Oberflächenwasser und in Hanglagen Oberflächenabfluss, der Bodenerosion auslöst und die Gefahr von Hochwasser erhöht.

Zur Untersuchung und Kontrolle der Bodenstruktur werden Feldmethoden, etwa die Spatendiagnose, bodenphysikalische Messmethoden und mikromorphologische Untersuchungen mit dem Mikroskop angewendet. Neu und vielversprechend ist die Computertomographie zur visuellen Betrachtung des Porensystems im Boden.

Bei der Anwendung bodenphysikalischer Messmethoden wird das komplexe Porensystem des Bodens mit Hilfe indirekt ermittelter Parameter umschrieben. Die Computertomographie ermöglicht es dagegen, das Porensystem in seiner Vielgestaltigkeit direkt und wirklichkeitstreu visuell abzubilden und hinsichtlich der Bodenfunktionen zu interpretieren, wobei zwischen den besonders instabilen physikalisch entstandenen Hohlräumen und den deutlich stabileren Bioporen unterschieden werden kann.

Tamas Harrach

Porensystem

Das Porensystem des Bodens besteht

- aus Kornzwischenräumen, die je nach Körnung (Bodenart) unterschiedlich ausgeprägt sind (in Tonen überwiegend Feinporen, in Schluffen überwiegend Mittelporen, die pflanzenverfügbares Wasser speichern, und in Sanden überwiegend luftführende Grobporen),
- aus gering beständigen Hohlräumen, die durch physikalische Vorgänge wie Schrumpfung, Quellung, Frost, Bodenbearbeitung usw. entstehen sowie
- aus biogen gebildeten Röhren (Bioporen), wie Regenwurmgängen, Wurzelkanälen, die eine deutlich höhere Kontinuität und Effizienz sowie höhere Stabilität aufweisen, bei hoher Druckbelastung dennoch vergänglich sind.

Die Veränderlichkeit der Bodenstruktur resultiert aus der Dynamik der durch physikalische Vorgänge erzeugten Hohlräume und der Bioporen.

Was ist ein Bodengefüge?

Das Bodengefüge ist einer der wichtigsten Faktoren der Ertragsfähigkeit in ackerbaulich genutzten Böden. Das Bodengefüge ist »die räumliche Ordnung der Bestandteile des Bodens« (ALTEMÜLLER 1974) und als »Kern des Prozessgeschehens« beeinflusst das Bodengefüge sämtliche Abläufe im Bodenraum und charakterisiert den Lebensraum für Bodenorganismen und Pflanzenwurzeln. Somit ist es der Schlüssel zum Verständnis der Bodenfunktionen (KUBIENA 1938). Es besteht eine Wechselbeziehung zwischen Bodengefüge und Bodenleben (vgl. JOSCHKO 1989), dabei sind das Bodengefüge und das Bodenleben zwei Seiten einer Medaille. Das Bodenleben umfasst z. B. Bodentiere, Mikroorganismen und Pflanzenwurzeln. Das Bodengefüge bestimmt maßgeblich das Bodenleben wie Durchwurzelung, Regenwurmaktivität etc. Gleichzeitig ist das Bodengefüge das Ergebnis der Lebenstätigkeit der Bodenorganismen.

Das Bodengefüge ist neben dem pflanzenverfügbaren Bodenwasser ausschlaggebend für die Pflanzenentwicklung, weil es die Nährstoffverfügbarkeit im Boden durch seinen starken Einfluss auf die Umsatzprozesse im Boden beeinflusst. Somit ist es bedeutend für das Pflanzenwachstum, für die

Bodengefüge

Der Begriff »Gefüge« bezeichnet die räumliche Gestaltung des Bodens, dabei kann der Fokus auf den festen Bodenbestandteilen (SCHEFFER & SCHACHTSCHNABEL 1982) oder auf den Hohlräumen (GEYGER 1979) liegen. Das Bodengefüge beinhaltet die Anordnung, Gestalt, Funktion und Genese des Bodens (ALTEMÜLLER 1974). In diesem Atlas liegt der Fokus auf der gestaltlichen (morphologischen) und funktionalen Sicht.

Das Bodengefüge verknüpft Morphologie und Funktion, analog zum Aufbau von Lebewesen. Das Zusammenspiel von organischen und mineralischen Bestandteilen sowie Bodenlebewesen, aber auch Bodenbearbeitung und Bodenbelastungen durch die auf dem Feld eingesetzten Fahrwerke der Maschinen, wirken auf das Bodengefüge ein und beeinflussen seine Funktion (Abb. 4). Einzelne Gefügeelemente können Teilgefüge bilden.

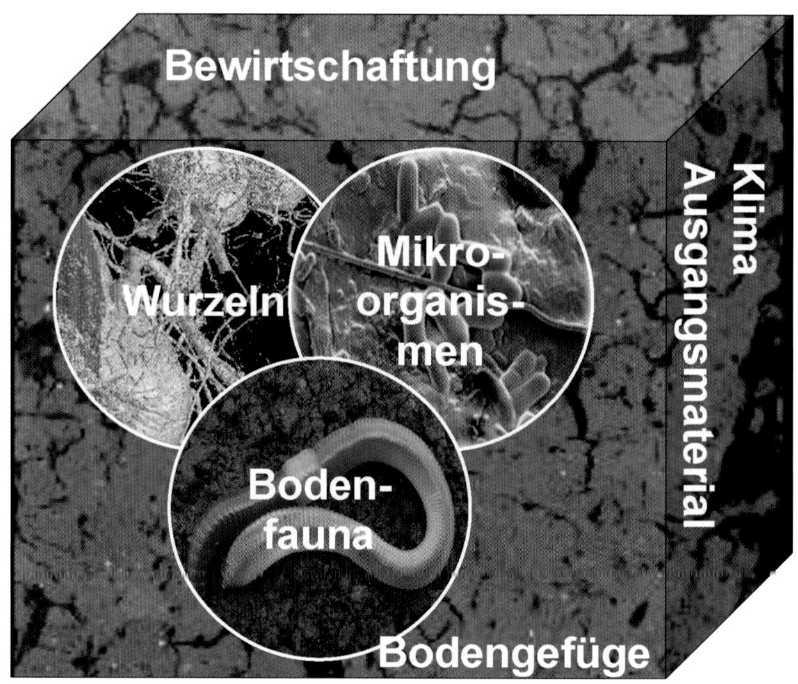

Abb. 2. Bodengefüge, Bodenorganismen, Wurzeln: die grundlegende Funktionseinheit im Ackerboden (© KUKA).

Ertragsstabilität und damit den Erhalt der Ertragsfähigkeit. Diese Bedeutung für die landwirtschaftliche Praxis wird bereits in den Grundsätzen der guten fachlichen Praxis berücksichtigt. Sie fordert, dass »die Bodenstruktur erhalten oder verbessert wird« und dass »Bodenverdichtungen durch eine standortangepasste Nutzung, insbesondere durch Berücksichtigung der Bodenart, Bodenfeuchtigkeit und des von den zur landwirtschaftlichen Bodennutzung eingesetzten Geräten verursachten Bodendrucks, so weit wie möglich vermieden werden« (§ 17 Bundes-Bodenschutzgesetz).

Häufig sind die Kenntnisse über den tatsächlichen Gefügezustand, seine funktionellen Konsequenzen und die Möglichkeiten für seine Verbesserung nicht ausreichend oder ungenügend im landwirtschaftlichen Betrieb bekannt. Um diese Lücke zu schließen, wurde das DIWELA-Diagnosetool entwickelt und wird nun in diesem Kompendium vorgestellt.

Ähnlich wie in der medizinischen Diagnostik des menschlichen Körpers, ist davon auszugehen, dass die vertieften Kenntnisse der Morphologie des Bodengefüges und seiner wesentlichen Elemente seine Behandlung, d.h. die nachhaltige Bewirtschaftung entscheidend voranbringen können. Die Röntgen-Computertomographie kann Einblicke in Anordnung und Bestandteile des Bodens wie Festsubstanz, Porenraum und Aggregierung geben. So erhalten wir Hinweise auf schadhafte Veränderungen (z.B. Verdichtungen, siehe S. 50) und mögliche Gegenmaßnahmen sowie Hinweise zur Aufrechterhaltung der Bodenfunktionen (Produktionsfunktion, Habitatfunktion).

Bisherige Untersuchungsmethoden des Bodens für die Praktiker umfassen u.a. die Spatendiagnose nach Görbing (BRUNOTTE et al. 2012, RÜCKNAGEL et al. 2013) und die Untersuchung des Bodens mit Hilfe von Sonden oder Penetrometern. Letztere können jedoch zu Fehlinterpretationen führen. Diese Methoden geben einen ersten Einblick in die Beschaffenheit des Bodens, zerstören hierbei aber entweder das Bodengefüge (Spatendiagnose) oder geben nur einen Teileinblick (Sonde, Penetrometer). Zur Visualisierung von Bodengefügen wurden in der Vergangenheit in der Bodenforschung Dünnschliffe von harzgetränkten ungestörten Bodenproben für die Gefügeansprache verwendet (ALTEMÜLLER 1974), was jedoch aufgrund des erheblichen Aufwandes keine praxisrelevante Methode darstellte.

Die technische Entwicklung in den letzten Jahrzehnten hat dazu geführt, dass jetzt innovative Techniken aus der medizinischen Diagnostik und Materialprüfung (Röntgen-Computertomographie, Mikrotomographie) zur Verfügung stehen, welche für eine detaillierte Untersuchung des Bodengefüges in ungestörter Lagerung eingesetzt werden können (ROGASIK et al. 2003, MUNKHOLM et al. 2012). Eine Visualisierung von Gefügezuständen ermöglicht es, die Wirkung landwirtschaftlicher Maßnahmen auf den Boden rasch, standardisiert und quantitativ zu bewerten. Der Erkenntniszuwachs ist erheblich. Dieses Potential wurde bisher für die landwirtschaftliche Praxis nicht ausreichend genutzt.

Eine Kombination dieses Verfahrens mit traditionellen Methoden wie der Spatendiagnose ermöglicht ein verbessertes Verständnis des Bodens und der in ihm ablaufenden biologischen und biogeochemischen Prozesse. Sie ermöglichen auch eine fundierte Bewertung und erleichtern die Entscheidung für bestimmte Bewirtschaftungsverfahren.

Unsere Arbeitshypothese lautete: jedes Anbausystem hinterläßt in Abhängigkeit vom Ausgangsmaterial der Bodenbildung und der Bodenart, einen typischen morphologischen »Fingerabdruck« (FOX et al. 2014), der durch die Analyse des Bodengefüges aufgedeckt werden und somit als Grundlage eines »Diagnose-Werkzeugs« für den Landwirt dienen kann.

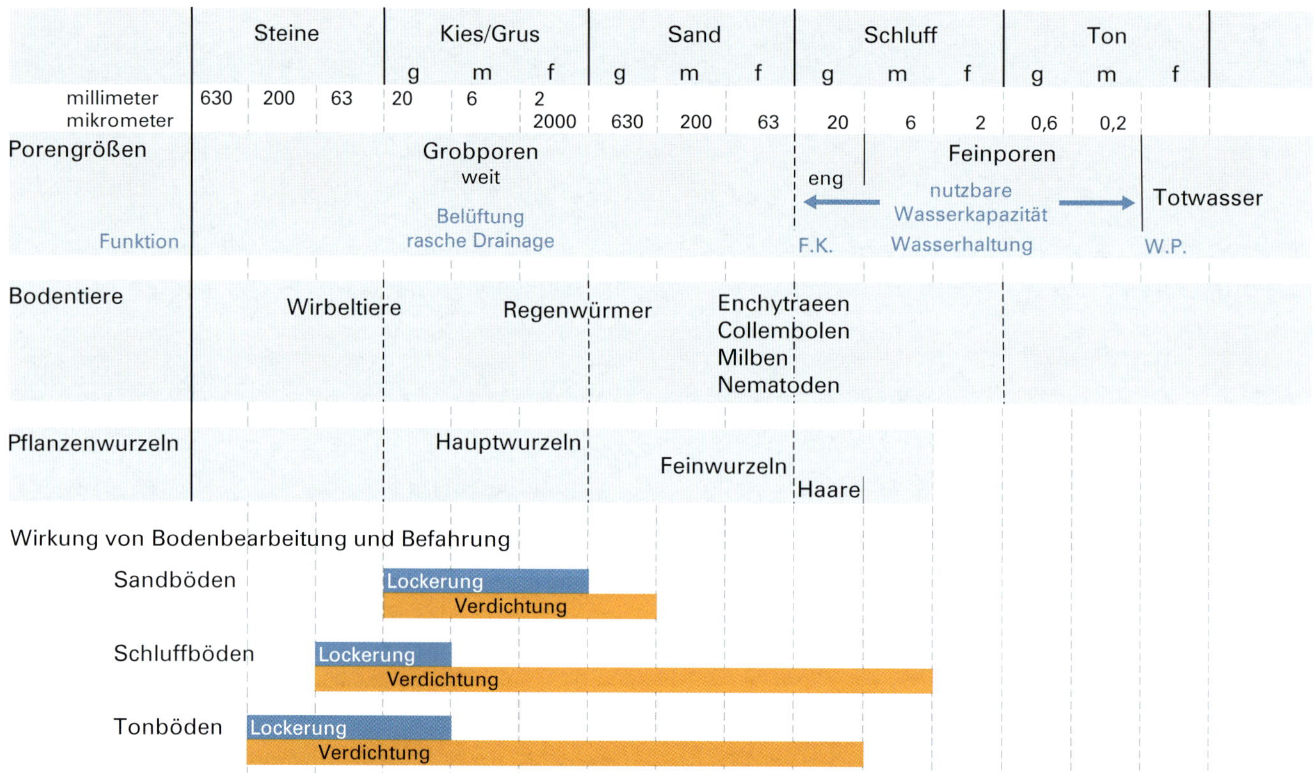

Abb. 3. Größenklassen einiger Gefügeelemente und gefügewirksamer Faktoren des Bodens (nach ALTEMÜLLER 1984).

Der Einsatz dieses »Diagnose-Werkzeugs« soll dazu beitragen, durch eine bessere Bewertung von Bewirtschaftungsmaßnahmen die Bodenfruchtbarkeit landwirtschaftlicher Böden aufrechtzuerhalten und ihre Anpassungsfähigkeit an den Klimawandel zu verbessern. Es soll auch dazu dienen, die Effekte landwirtschaftlicher Maßnahmen zu objektivieren. Maßnahmen und Anbausysteme können so fern aller Ideologie und Wunschvorstellungen – auf sachlicher Ebene überprüft, beurteilt und bewertet werden.

KUBIENA (1938), der die »Mikropedologie« (Mikrobodenkunde) begründet hat, verglich den Boden mit einem Uhrwerk, dessen Funktion man nie erfassen könnte, wenn die Einzelteile zermörsert und seine Zusammensetzung chemisch bestimmt, seine Gestalt aber nicht beachtet wird.

Das Bodenleben als wichtigster gefügewirksamer Faktor

Für das Verständnis der Bodenfunktionen ist die räumliche Anordnung der Bestandteile des Bodens, die Architektur des Bodens, von entscheidender Bedeutung. Nur in der Gesamtschau kann das Zusammenwirken der Gefügeelemente und die resultierende Funktion des Gesamtsystems »Boden« verstanden werden.

Die Ausprägung des Bodengefüges wird entscheidend durch die Bodenart bestimmt. Grobkörnige Böden haben ein geringeres Potential für die Aggregatbildung. Tonminerale verbessern die Aggregatbildung in Abhängigkeit von ihrem Anteil und ihrer Zusammensetzung (Zweischicht-, Dreischichttonminerale).

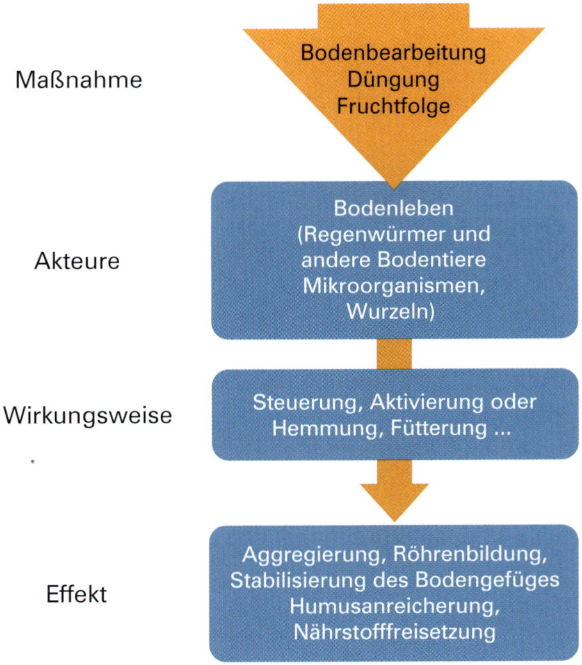

Abb. 4. Wirkprinzip von Bewirtschaftungsmaßnahmen auf das Bodengefüge.

Innerhalb der durch die Bodenart vorbestimmten Grenzen ist es allerdings möglich, durch Bewirtschaftungsmaßnahmen den Gefügezustand zu beeinflussen und zu verbessern.

Schlüssel für die Wirkung dieser Maßnahmen auf das Bodengefüge ist das Bodenleben. Durch die verschiedenen Maßnahmen wird der Rahmen für die Bodenorganismen geschaffen, innerhalb dessen sie »arbeiten« können (SCHMIDT & STADLER 2017). Bodenorganismen und Wurzeln gestalten das Bodengefüge. Die Ausgestaltung des Bodengefüges wirkt zurück auf die Bodenlebensgemeinschaft und das Wurzelwachstum (Abb. 4).

Den Regenwürmern, den »Heinzelmännchen des Bodens« kommt dabei eine besondere Rolle zu (HENSEN, siehe GRAFF 1979). Regenwürmer beeinflussen den Boden und das Bodengefüge auf

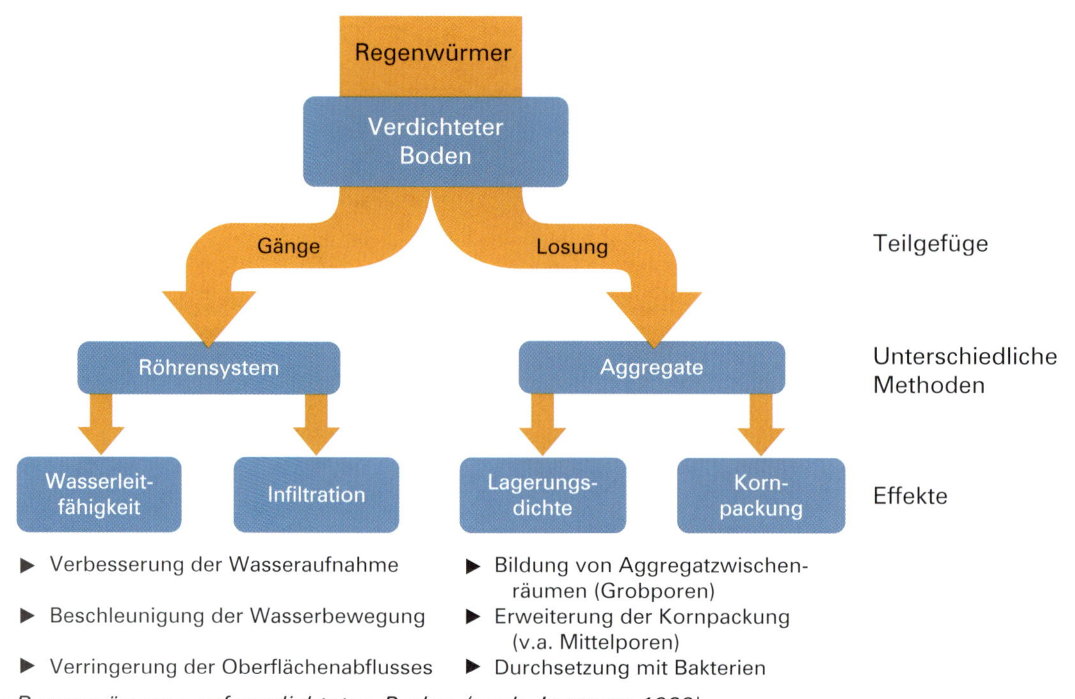

Abb. 5. Einfluss von Regenwürmern auf verdichteten Boden (nach JOSCHKO 1989).

vielfältige Art und Weise (Abb. 5). Sie legen tiefreichende Gänge an, produzieren nährstoffreiche Losung, und gewährleisten eine innige Vermischung von mineralischen und organischen Bodenbestandteilen. Diese ist Voraussetzung für die Bildung von Mullhumus (KUBIENA 1953, GRAFF & HARTGE 1974, ALTEMÜLLER 1991). Nach SEKERA (1943, 2012) ist die »biologische Bodenbearbeitung« durch Regenwürmer der Schlüssel für ein optimales Krümelgefüge (siehe S. 39). Regenwurmgänge erhöhen die Infiltrationskapazität und Regenverdaulichkeit des Bodens und wirken damit Erosionsereignissen entgegen.

Der Landwirt kann durch die gezielte Anwendung von Maßnahmen, die für Regenwürmer aber auch für andere Bodenorganismen, förderlich sind, das Bodengefüge deutlich verbessern (siehe S. 66).

Bodenbearbeitung und Bodengefüge

Ziel der Bodenbearbeitung ist es, durch ein physikalisch günstiges Bodengefüge optimale Voraussetzungen für Keimung und Wachstum der folgenden Kulturart zu schaffen (Kuratorium für Technik und Bauwesen in der Landwirtschaft e. V., kurz: KTBL).

Nach KTBL werden drei grundsätzliche Verfahren der Bodenbearbeitung unterschieden:

Wendende Bodenbearbeitung

Die wendenden Systeme haben die höchste Bodenbearbeitungsintensität. Hier ist die Störung des Oberbodens auf Krumentiefe bis 35 cm Tiefe sehr hoch. Die Grundbodenbearbeitung wird hier mit wendenden Werkzeugen durchgeführt. Klassisches Beispiel hierfür ist der Streichblechpflug.

Nicht Wendende Bodenbearbeitung

Die nichtwendenden Systeme haben durch ihre lockernde und mischende Arbeitsweise eine geringere Arbeitsintensität. Bei den nichtwendenden Systemen unterscheidet man in Systeme mit krumentiefer Lockerung auf bis zu 25 cm sowie Systeme ohne Lockerung, bei denen auf die eigentliche Grundbodenbearbeitung verzichtet wird und deren Arbeitstiefe auf 10 bis 15 cm begrenzt ist.

Direktsaat

Im System Direktsaat wird auf jegliche Bodenbearbeitung verzichtet. Die Saatgutablage erfolgt ohne vorherige Bodenbearbeitung im ungestörten Boden. Bei der Saat werden weniger als ⅓ der Reihenweite bearbeitet. Die Bearbeitungstiefe entspricht der Tiefe der Saatgutablage.

Eine **Reduzierung der Bodenbearbeitung** kann in der Tiefe (nicht-wendend, flach statt krumentief) oder in der Fläche (**Streifensaat**) erfolgen.

Das Bodengefüge als Diagnosewerkzeug für den Landwirt

Mit Hilfe der digitalen Gefügeanalyse können unterschiedliche Gefügezustände abgebildet und bewertet werden (vgl. S. 36 und S. 154):

- Günstiges Gefüge, funktionsfähig, heterogen, vielgestaltig, mit Spuren biologischer Aktivität (Regen würmer) und guter Wurzelentwicklung.
- Verdichtetes Bodengefüge, einförmig, mit eingeschränkter Funktionsfähigkeit, geringer biologischer Aktivität und gehemmter Wurzelentwicklung.

Die Gefügeanalyse ermöglicht:

- Die kausale Analyse von Bewirtschaftungseffekten.
- Die Ableitung von Handlungsempfehlungen für den Landwirt.
- Die Sichtbarmachung und Quantifizierung von Biodiversitätsleistungen im Boden (Porosität, Aggregierung, Gefügebildung durch Regenwürmer).
- Die Sichtbarmachung und Quantifizierung der Wurzeldichte und Wurzelarchitektur als wichtige ertragsbestimmende Größen.

Die digitale Gefügeanalyse kann dem Landwirt helfen, seine Bewirtschaftungsmaßnahmen zu optimieren und die Infiltration des Bodens maßgeblich zu steigern. Damit verbessert er die Anpassungsfähigkeit des Bodens an den Klimawandel.

Das Bodengefüge bestimmt die Bodenfunktion

Das Bodengefüge bestimmt zahlreiche Bodenfunktionen, die für den Praktiker von Bedeutung sind.

Das **Pflanzenwachstum** steht in engem Zusammenhang zum Bodengefüge. Die Krümeligkeit des Saatbettes entscheidet über den Erfolg der Keimung bzw. des Feldaufgangs. Ein verdichtetes Gefüge behindert das Wurzelwachstum. Bioporen in kompakten Zonen ermöglichen trotz Verdichtungshorizonten, wie die Pflugsohle, das Wurzelwachstum in die Tiefe.

Die **Wasserspeicherfähigkeit** des Bodens wird maßgeblich durch die Textur (Körnung) bestimmt. Für die Wasserspeicherung sind Mittelporen und langsam dränende Grobporen von Bedeutung (Abb. 3). Ton- und schluffreiche Böden haben eine hohe Wasserspeicherfähigkeit; die Wasserspeicherfähigkeit von Sandböden kann bis zu einem gewissen Grad durch die gezielte organische Düngung verbessert werden.

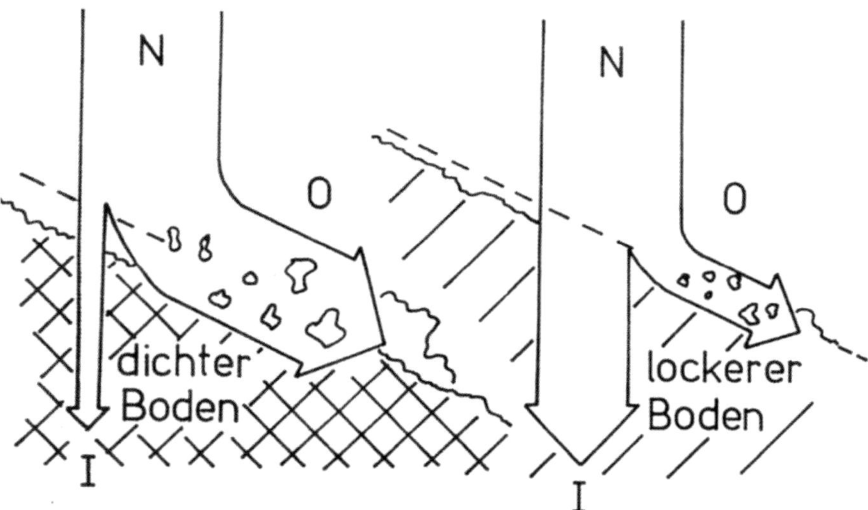

Abb. 6. Beziehung zwischen Oberflächenabfluss und Infiltration von Regenwasser in Abhängigkeit vom physikalischen Zustand des Bodens (HARTGE 1987).

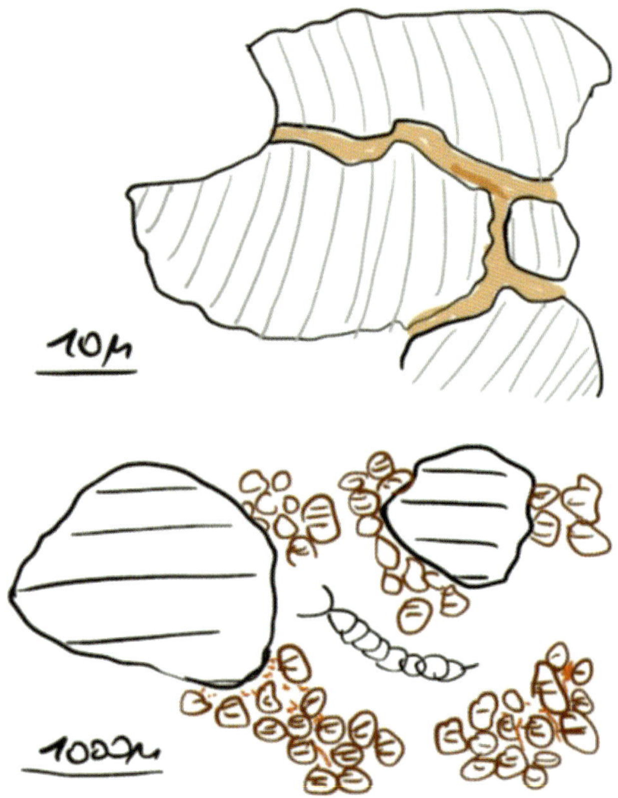

Abb. 7. Schematische Darstellung des Lebensraums Boden für verschiedene Bodentiere. Oben: kleinste Wasserkörper zwischen Mineralkörnern besiedelt von Wassertieren (Protozoen und Rotatorien). Unten: System kleiner Höhlen gebildet von Schluffkörnern und Tonteilchen geeignet für luftatmende Collembolen und Milben (JOSCHKO et al. 1990).

Die **Infiltrationsleistung des Bodengefüges** ist für den Landwirt von zunehmend großer Bedeutung, vor allem dann, wenn in Zukunft mit mehr Starkregen infolge des Klimawandels gerechnet werden muss.

Es gilt folgendes Wirkprinzip: je mehr Wasser infiltrieren kann, desto geringer ist der Oberflächenabfluss und damit die Bodenerosion (Abb. 6).

Für die **Infiltration von Regenwasser** sind wasseraufnehmende Grob- und Dränporen von großer Bedeutung. Nach oben offene Regenwurmgänge sind effektive Leitungsbahnen für Regenwasser sowie Pflanzenwurzeln und deshalb besonders wichtig.

Eine Erhöhung der Infiltration kann durch eine Förderung des Regenwurmbesatzes (siehe S. 66) erreicht werden.

Das Bodengefüge bestimmt auch maßgeblich die **Habitatfunktion** des Bodens für Bodenorganismen. So sind wasserlebende, aquatische Bodentiere wie Nematoden und Protozoen auf die wassergefüllten Hohlräume zwischen den Mineralkörnern angewiesen (Abb. 7). Luftatmende Kleintiere, wie Collembolen und Milben, brauchen dagegen größere luftgefüllte Hohlräume.

Bodenverdichtung vermindert die biologische Aktivität.

Die Funktion des Bodengefüges in Bezug auf die Habitatfunktion wird in vielen Fällen vom Wasserhaushalt überlagert. Je nach Wasserspannung sind die Hohlräume des Bodens wasser- oder luftgefüllt, und ermöglichen luftatmenden oder aquatischen Bodentieren die Besiedlung.

Eine enge Beziehung besteht auch zwischen dem Bodengefüge und dem Humushaushalt des Bodens (siehe J. REINHOLD, S. 152).

Ein vielgestaltiges, gut strukturiertes Bodengefüge ist nicht nur mit einem höheren Tongehalt, sondern häufig auch mit einem größeren Vorrat an organischem Kohlenstoff im Boden verbunden. Leicht abbaubarer Kohlenstoff wird in den Aggregaten vor Abbau geschützt und stabilisiert, so dass temporär mehr Kohlenstoff gespeichert werden kann.

Die Aktivität der Regenwürmer bei Bodenruhe oder reduzierter Bodenbearbeitung (siehe S. 110) erhöht die Aggregierung des Bodens (GEYGER 1979).

Bodenstruktur auf der Bodenoberfläche

Das Wirken der Bodenorganismen spielt sich verborgen im Boden ab, die Folgen ihrer Leistung sind jedoch auch oberirdisch wahrnehmbar. Unter optimalen Bedingungen schaffen die Bodenorganismen eine Bodenstruktur mit stabilen Aggregaten und stabilen Bioporen,

- die auch bei extremen Niederschlägen eine vollständige Infiltration ermöglicht,
- dem Pflanzenwachstum optimale Voraussetzungen bietet und
- trotzdem eine hohe Tragfähigkeit aufweist, sodass die Verdichtungsgefahr vermindert ist.

Merkmale einer solchen Bodenstruktur sind auch auf der Bodenoberfläche sichtbar, wenn man sich die Mühe macht, darauf zu achten (siehe S. 64 und S. 169). Eine nicht verschlämmte, raue, von Bodenaggregaten dominierte Bodenoberfläche mit offenen Regenwurmgängen auch nach Starkniederschlagsereignissen zeugt von einer günstigen Bodenstruktur, während eine Verschlämmungskruste und Spuren von Bodenerosion eine geschädigte Bodenstruktur anzeigen.

Der Landwirt wie der Pflanzenbauberater sollten ganzjährig, ganz besonders intensiv nach extremen Witterungsereignissen wie Unwetter oder Dürre, die Bodenoberfläche und die Entwicklung des Pflanzenbestandes in Augenschein nehmen. So können sie auch die Folgen möglicher Fehler zeitnah erkennen und Konsequenzen ziehen.

METHODIK ZUR DIGITALEN UNTERSUCHUNG DES BODENGEFÜGES MIT DER RÖNTGEN-COMPUTERTOMOGRAPHIE

Im Unterschied zu einfachen, auf der Spatendiagnose beruhenden Methoden, wie z. B. die »Einfache Feldgefügeansprache für den Praktiker« (BRUNOTTE et al. 2012, siehe S. 162) und die Ermittlung der »Packungsdichte« (HARRACH & VORDERBRÜGGE 1991, siehe S. 154), ermöglichen Technologien aus der medizinischen Diagnostik die digitale Erfassung des Gefügezustandes mit allen damit verbundenen Möglichkeiten der Quantifizierung, Visualisierung und Datenspeicherung.

In der bodenkundlichen Grundlagenforschung wird die Röntgen-Computertomographie seit etwa 40 Jahren für die Untersuchung von Porensystemen, Wurzeln und anderen Teilgefügen erfolgreich eingesetzt (PETKOVIC et al. 1982, TOLLNER et al. 1987, JOSCHKO & LARINK 1991, JOSCHKO et al. 1991, KUKA et al 2013). Die Röntgen-Computertomographie ist jedoch auch für die angewandte, praxisnahe landwirtschaftliche Forschung gut geeignet.

Voraussetzung für die Anwendung dieser Technik ist die Entnahme ungestörter Bodenproben.

Entnahme ungestörter Bodenproben im Freiland

Die Entnahme von ungestörten Bodenproben erfolgt entweder manuell (Abb. 8 und Abb. 10) oder automatisiert (Abb. 9).

Alle Techniken für die Gewinnung von Bodenproben aus dem natürlichen Bodenverband haben als ersten Schritt das **Freischneiden einer Bodensäule**, in die als zweiten Schritt der eigentliche Probenahmezylinder auf einer scharfen Schneide durch **Einschneiden** oder **Eindrücken** eingebracht wird. Auf diese Weise werden Artefakte (Verdichtungen) bei der Probenentnahme selbst verhindert (ROGASIK et al. 1997).

Abb. 8. Manuelle Entnahme von Bodenproben (Durchmesser und Höhe 12 cm) für die Röntgen-Computertomographie (Probenahmeset der Fa. UGT, Müncheberg), siehe auch JIMENEZ & FILSER *2020.*

Abb. 9. Automatisierte Entnahme von Bodenproben (Durchmesser 12 cm) mit einem Probenahmegerät der Fa. UGT Müncheberg (siehe auch K*UKA et al. 2012). – Foto links: Jan Windszus*

Abb. 10. Manuelle Entnahme von Bodenproben (Durchmesser und Höhe 3 cm) für die Mikro-CT (Probenahmeset der Fa. UGT Müncheberg).

Bei der Entnahme von sehr kleinen Bodenproben mit bis zu 5 cm Durchmesser ist hingegen ein vorheriges Freischneiden einer Bodensäule an dem meist lockeren Oberbodenhorizont oft nicht nötig (siehe Abb. 10). Es steht allerdings auch ein spezielles Gerät für die Zerteilung großer Proben in kleine Proben für die Mikro-CT zur Verfügung (Kuka et al. 2012).

Medizinische Röntgen-Computertomographie

Mithilfe der medizinischen Röntgen-Computertomographie (Medizin. CT), bei der eine Röntgenröhre um das zu untersuchende Objekt kreist, können »virtuelle Schnitte« durch den Boden angefertigt werden. In kürzester Zeit (Bruchteile von Sekunden) erfolgt die dreidimensionale Erfassung und Visualisierung von Makroporen, Grobwurzeln, Aggregaten im Boden mit einer Ortsauflösung von 0,3 mm.

Poren ab 250 μm Äquivalentporendurchmesser können erfasst und dargestellt werden, also sehr weite Grobporen, die von Pflanzenwurzeln oder Bodentieren (Regenwürmern) gebildet werden und für die Durchlüftung, Infiltration usw. äußerst wichtig sind.

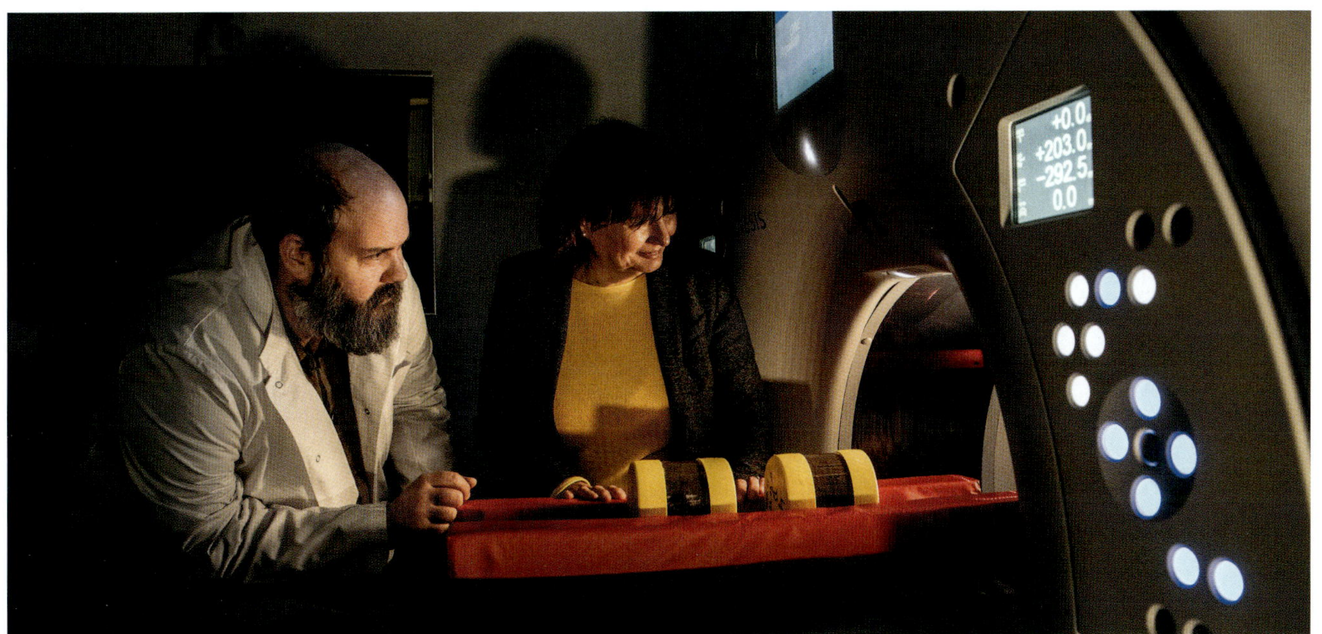

Abb. 11. Untersuchung von Bodenproben (12 cm) mit der medizinischen Röntgen-Computertomographie am Leibniz-Institut für Zoo- und Wildtierforschung (IZW), Berlin, mit Tierarzt Guido Fritsch. – Foto: Jan Windszus

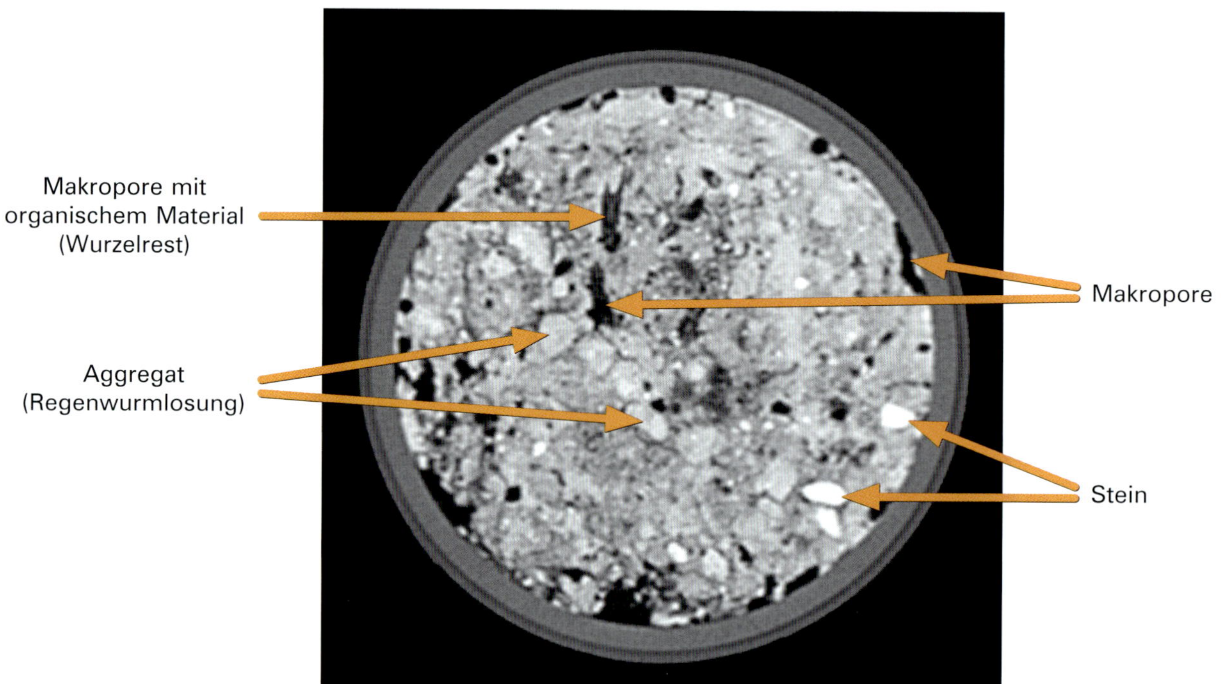

Abb. 12. CT Schichtbild von einem Querschnitt aus einer 12 cm im Durchmesser großen Bodensäule, 11 cm Bodentiefe; schwach lehmiger Sand, Praxisversuch Lietzen, reduzierte Bodenbearbeitung, Parzelle 6929, hoher Regenwurmbesatz. Je heller der Grauwert, desto dichter das Material des Objektes, Steine erscheinen weiß, luftgefüllte Poren schwarz; Regenwurm (grau) in Aestivationshöhle (Medizinische CT, IZW Berlin, Fritsch).

Ein Ergebnis der Untersuchung sind zweidimensionale Schichtbilder und als Rekonstruktion eine dreidimensionale Darstellung der Bodenprobe, in der bestimmte relativ großskalige Gefügeelemente eindeutig identifiziert werden können (Abb. 12).

Mikro-CT

Mit der Mikrocomputertomographie (Mikro-CT), die in der Regel zur Materialprüfung eingesetzt wird, konnte hier trotz relativ kurzer Aufnahmezeit an den kleinen Bodenproben eine Ortsauflösung von 40 μm erreicht werden (1 Mikrometer = 1/1000 mm). Bei sehr kleinen Proben kann die Ortsauflösung bei der verwendeten Anlage 1 μm erreichen. Dabei gilt auch: je länger die Untersuchungszeit, desto qualitativ besser ist die Aufnahme. Mit anderen Röntgengeräten lassen sich noch höhere Auflösungen erzielen. Bei der Untersuchung rotieren die Bodenproben vor der Röntgenquelle (Abb. 13).

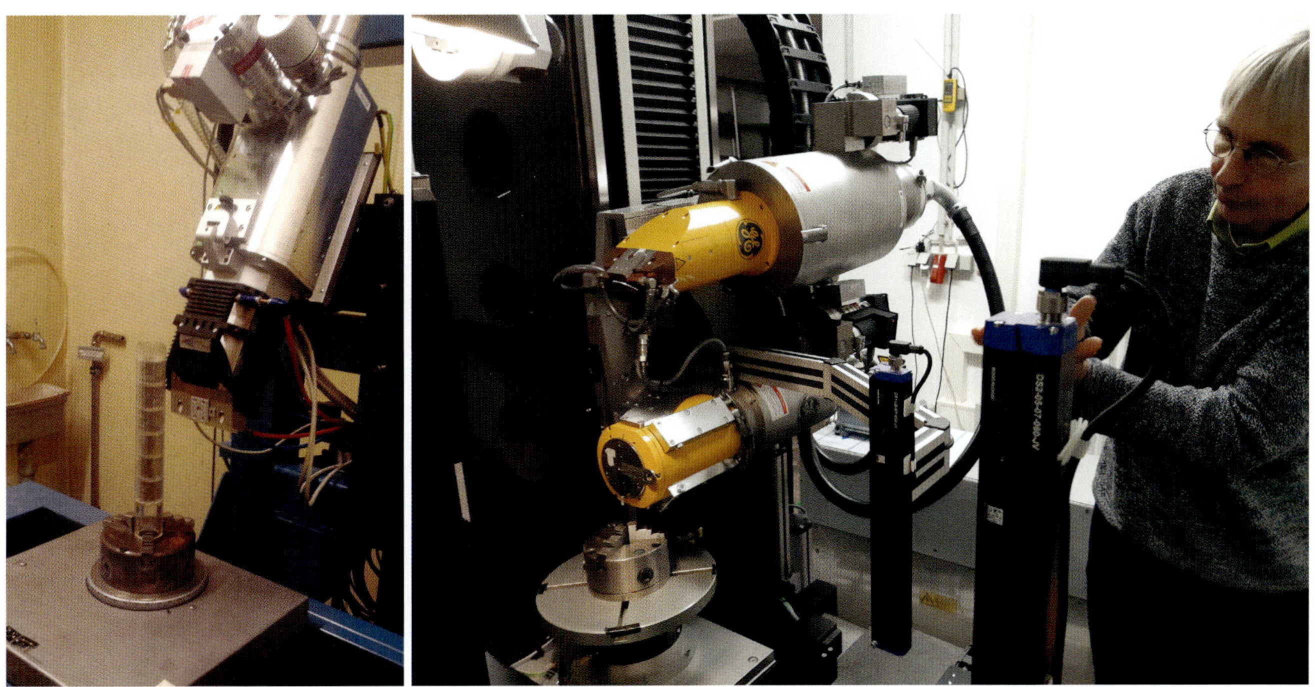

Abb. 13. Untersuchung von Bodenproben (3 cm) mit der industriellen Mikrotomographie an der Bundesanstalt für Materialforschung (BAM Berlin), mit Physiker Dr. Bernhard Illerhaus.

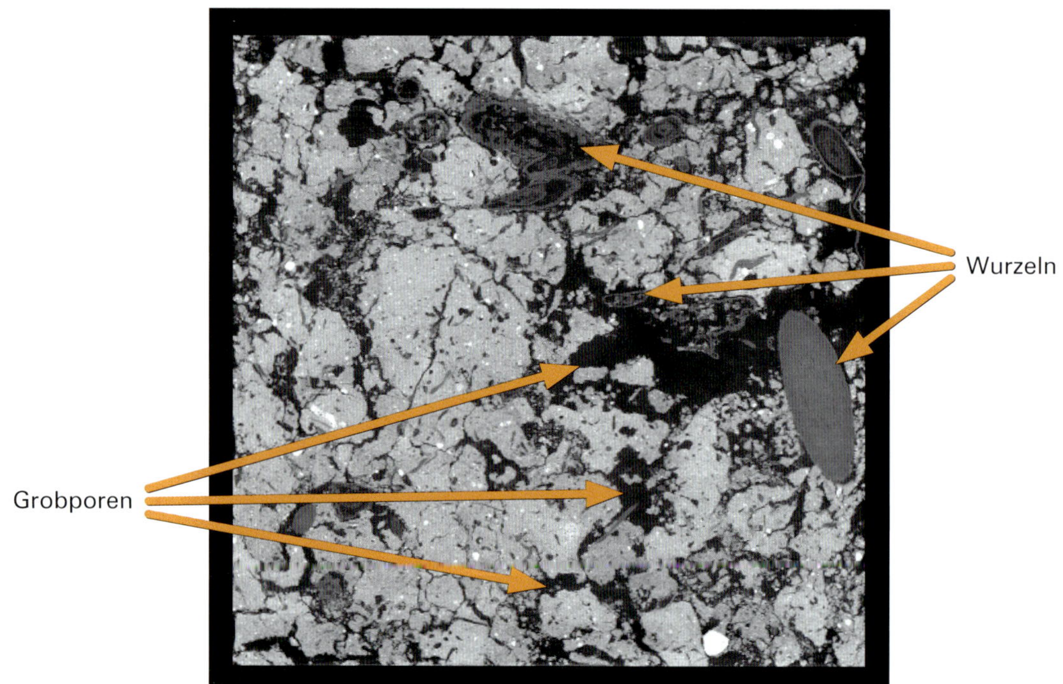

Abb. 14. Mikrotomographie-Schichtbild aus einer Bodensäule unter Grünland, Durchmesser 3 cm (BAM Berlin, ILLERHAUS). Poren erscheinen schwarz, Mineralboden hellgrau und Wurzelmaterial dunkelgrau (KUKA ET AL. 2013).

Im DIWELA-Projekt wurden von Dr. Bernhard Illerhaus auch große Bodenproben mit einem Durchmesser von 12 cm bei einer Ortsauflösung von 40 µm untersucht – mit einem entsprechend geändertem Aufbau und einer anderer Röntgenröhre.

Dargestellt werden können Poren

- ab 10 µm Äquivalentporendurchmesser: enge Grobporen, sogenannte langsam dränende Poren, die leicht verfügbares Wasser für die Pflanzen enthalten (10–50 µm),
- weite (> 50 µm) Grobporen, die bei Feldkapazität luftführend sind und wichtige Aufgaben **für die Durchlüftung und die Infiltration von Regenwasser haben (Abb. 6, S. 18).**

Auswertung

Ein Hauptziel der computertomographischen Untersuchung des Bodens ist die Darstellung des Porenraumes im Boden. Dieser besteht aus den eher beständigen Kornzwischenräumen und den stark veränderlichen Hohlräumen, die teils biogen – durch Bodentiere und Wurzeln – und teils infolge mechanischer Einflüsse – wie Schrumpfung und Quellung, Frost oder Bodenbearbeitung – entstehen. Die biogenen Poren sind visuell gut zu erkennen, aber die Erfassung des mechanisch entstandenen Hohlraumanteils bereitet Schwierigkeiten.

Bei der Gefügebeurteilung im Feld (siehe auch S. 154) haben sich folgende drei Parameter bewährt:

Lagerungsart der Aggregate

Die Lagerungsart der Aggregate (**La**) ist ein Begriff, der zur Kennzeichnung der Beschaffenheit der Aggregatzwischenräume im Quellungszustand benutzt wird (Bodenkundliche Kartieranleitung, KA 5, 2005). Die La ist visuell zu erkennen an der Formausprägung der Aggregate (Grad der Scharfkantigkeit) und an der Entsprechung benachbarter Aggregatoberflächen. Bei geschlossener Lagerung (La 5) besteht im Quellungszustand nahezu kein Zwischenraum, während die anderen Lagerungsarten (La 4 bis La 1) einen abgestuft größeren Aggregatzwischenraum anzeigen.

Biogene Makroporen

Der Anteil biogener Makroporen (**Mb**) ist eine wichtige Kenngröße, die mit bodenphysikalischen Funktionen wie Infiltrationsleistung, Durchlüftung und Durchwurzelbarkeit im Zusammenhang steht. Der Anteil biogener Makroporen (Wurmgänge, Wurzelkanäle) ist ein Maß für die Biodiversitätsleistung in einem Boden (vor allem Regenwürmer, Pflanzen).

Wurzelverteilung des Bodens

Die Wurzelverteilung (**Wv**) und insbesondere auch der Wurzeltiefgang steht in landwirtschaftlichen Böden in enger Beziehung zum Ertrag, und ist damit für die landwirtschaftliche Praxis entscheidend. Die Wurzelverteilung ist aber auch für die Beurteilung des Bodengefüges ein sehr wichtiger Indikator (siehe Tabelle 3 auf S. 154).

Lagerungsart der Aggregate	Biogene Makroporen	Wurzelverteilung des Bodens
▶ La 1 sperrig	▶ Mb 1 sehr hoch	▶ Wv 1 gleichmäßig
▶ La 2 offen	▶ Mb 2 hoch	▶ Wv 2 gleichmäßig
▶ La 3 halboffen	▶ Mb 3 mittel	▶ Wv 3 fast gleichmäßig
▶ La 4 fast geschlossen	▶ Mb 4 gering	▶ Wv 4 starke Häufung, in Rissen
▶ La 5 geschlossen	▶ Mb 5 sehr gering bis Null	▶ Wv 5 sehr starke Häufung in Rissen

Im Folgenden wird diese Einteilung auch für die Beurteilung der Wurzelverteilung in röntgen-computertomographischen Gefügebildern eingesetzt. Zufriedenstellend kann dieser Parameter allerdings nur im Falle der Mikrotomographie mit entsprechender Visualisierung der Feinwurzeln bewertet werden. Mit der medizinischen Röntgen-Computertomographie ist es nur möglich, großvolumige Wurzeln bzw. die von ihnen gebildeten großen Wasserleitungsgefäße (Xylem) zu erfassen.

Ziel des Projektes

Ziel des DIWELA -Projektes, welches von 2015 bis 2021 am Leibniz-Zentrum für Agrarlandschaftsforschung (ZALF) e.V. durchgeführt und von der Landwirtschaftlichen Rentenbank Frankfurt/Main gefördert wurde, war es, die Grundlagen für ein »Diagnose-Werkzeug« zu erarbeiten, das der Praxis zur Untersuchung des Bodengefüges und zur Einschätzung der Bodengesundheit zur Verfügung gestellt werden kann. Diese Grundlagen wurden im DIWELA-Projekt erarbeitet.

Dazu wurden systematische Gefügeuntersuchungen mit innovativer Technik auf unterschiedlich bewirtschafteten Böden durchgeführt und an einigen Untersuchungsstandorten durch »einfache« Bodenuntersuchungen, die auf der Spatendiagnose beruhen, ergänzt.

Auf diese Weise sollten Gesetzmäßigkeiten und Trends zwischen landwirtschaftlichen Maßnahmen und dem jeweiligen Gefügezustand des Bodens ermittelt und dokumentiert werden.

DIWELA steht für Innovative Analyse von Bodengefüge und Bodenleben. Entwicklung eines **Di**agnose**we**rkzeugs für den **La**ndwirt zur Steigerung der Bodenfruchtbarkeit.

Forschungsnehmer: ZALF Müncheberg

Abb. 15. Visualisierung des Bodengefüges durch ein 3D-Modell (3D Lab TU Berlin; agrathaer, 2016).

Vorgehen

Die Arbeiten wurden im September 2015 mit Gefügeuntersuchungen im Langzeitfeldversuch (LTE) V4 des ZALF begonnen, der von der Forschungsstation Müncheberg betreut wird. In diesem Versuch werden seit 2007 die Wirkung von Fruchtfolge, Bodenbearbeitung und Beregnung auf verschiedene pflanzenbauliche Parameter systematisch geprüft (siehe S. 36). Langjährige Untersuchungen haben den Vorteil, dass der Gefügezustand bzw. das Wurzelbild in unterschiedlichen Varianten bestimmten Bewirtschaftungsmaßnahmen eindeutig zugeordnet und gleichsam »kalibriert« werden kann.

In der landwirtschaftlichen Praxis erhält man dagegen bei der Untersuchung von Böden stets »Mischsignale« als Ergebnis vieler, nur zum Teil definierter Faktoren. Um möglichst eindeutige Aussagen zu erhalten, wurde folgendermaßen vorgegangen:

Unter der Annahme, dass die Bodenbearbeitung neben der Fruchtfolge der Hauptfaktor für die Möglichkeit ist, das Bodengefüge zu beeinflussen – direkte Wirkung über Bearbeitungswerkzeuge und indirekte Wirkung über die Bodentiere, v.a. Regenwürmer – wurde jeweils ein Standort mit günstigem Bodengefüge bei bodenschonender Bewirtschaftung mit einem Standort mit ungünstigem Bodengefüge – nach nicht-optimaler Bewirtschaftung, Verdichtung, intensiver Bodenbearbeitung, etc. – verglichen. Aus dem Vergleich können Rückschlüsse auf die Wirkung der Bodenbewirtschaftung auf das Bodengefüge gezogen werden. Diese sind die Grundlage für die Bewertung von Bewirtschaftungsmaßnahmen auf verschiedenen Böden.

Standorte der Gefügeanalyse

Zwischen November 2015 und Oktober 2021 wurden an 11 Standorten in Deutschland und Polen insgesamt 127 ungestörte Bodenproben für die digitale Untersuchung des Bodengefüges mit der medizinischen CT und Mikro-CT entnommen. (Tabelle 1, Abb. 16). Neben 11 landwirtschaftlichen Betrieben wurden auch drei Dauerversuche untersucht: der V4 und V140 in Müncheberg sowie der seit 1996 betriebene Praxisversuch der Komturei Lietzen, in dem konventionelle/wendende und reduzierte/nicht-wendende Bodenbearbeitung verglichen werden.

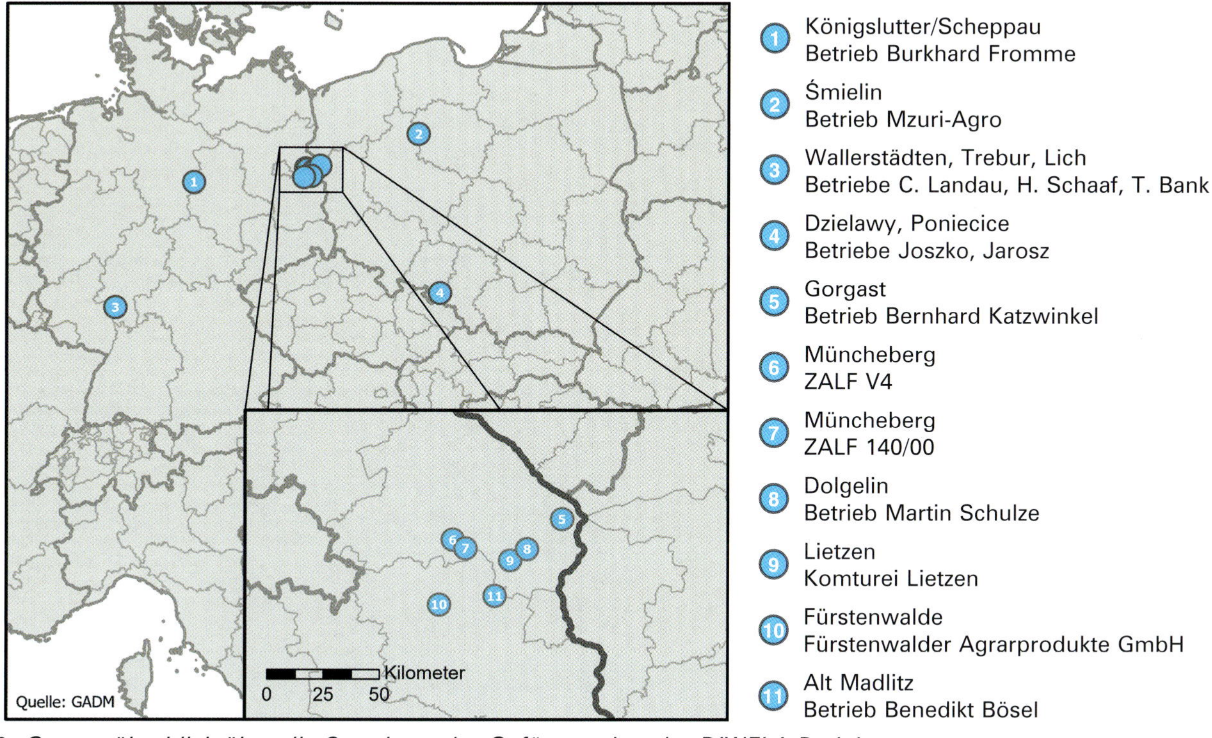

Abb. 16. Gesamtüberblick über die Standorte der Gefügeanalyse im DIWELA-Projekt.

	Name	Landkreis	Betriebs-größe (ha)	Erzeugung-schwerpunkt	Acker-zahl	Anzahl Proben: med. CT	Anzahl Poben: mikro. CT	Zeitpunkt der Beprobung
1	Königslutter/Scheppau Betrieb Burkhard Fromme	Kreis Helmstedt, Niedersachsen	380,5	Marktfrüchte	50–55	8	25	2016
2	Smielin, Mzuri-Agro Betrieb Marek Rosniak	woj. Kujawskopomoskie, Polen	1200	Marktfrüchte (Raps, Weizen, Wintergerste, Mais, Sonnenblumen)	50	2	–	2021
3	Wallerstädten, Trebur, Lich Betriebe Christoph Landau, Hermann Schaaf, Thorsten Bank	Groß-Gerau/Gießen, Hessen	33, 55, 700	Marktfrüchte	69/64, 62/67, 64/67	11	10	2018
4	Dzielawy, Poniecice Betriebe Alfons Joszko, Sebastian Jarosz	woj. Opole, Polen	30–40	Marktfrüchte, Tierhaltung	65	4	4	2018
5	Gorgast Betrieb Bernhard Katzwinkel	Märkisch-Oberland, Brandenburg	580	Marktfrüchte	50	8	26	2016
6	V4 Müncheberg, LTE ZALF	Märkisch-Oberland, Brandenburg	–	Versuchsfläche des ZALF	25	24 + 2	24	2015
7	V140/00 Müncheberg, LTE ZALF	Märkisch-Oberland, Brandenburg	–	Versuchsfläche des ZALF	25	2	–	2019
8	Dolgelin Betrieb Martin Schulze	Märkisch-Oberland, Brandenburg	340	Marktfrüchte, Biogasanlage	35	8	22	2016
9	Lietzen Komturei Lietzen	Märkisch-Oberland, Brandenburg	1100	Marktfrüchte, Grünland, Praxisversuchsflächen	33	42 + 9 (Grünland)	2 + 5 (Grünland)	2016, 2017, 2018, 2019
10	Fürstenwalde Fürstenwalder Agrarprodukte GmbH Beerfelde	Oder-Spree, Brandenburg	Ca. 2700	Marktfruchtbetrieb und Lohnwirtschaftung	300	2	–	2020
11	Alt Madlitz Betrieb Benedikt Bösel	Oder-Spree, Brandenburg	1150	Marktfrüchte, Gründland, Tierhaltung	35	5	–	2019

Tabelle 1. Standorte, an denen Bodenproben für die Gefügeanalyse im Projekt DIWELA entnommen wurden. Insgesamt waren es 127 Bodenproben aus Langzeitversuchen und Praxisbetrieben (zuzüglich 36 Proben von Wald- und Grünlandstandorten aus dem COST-Netzwerk KEYSOM, siehe Jimenez et al. 2020).

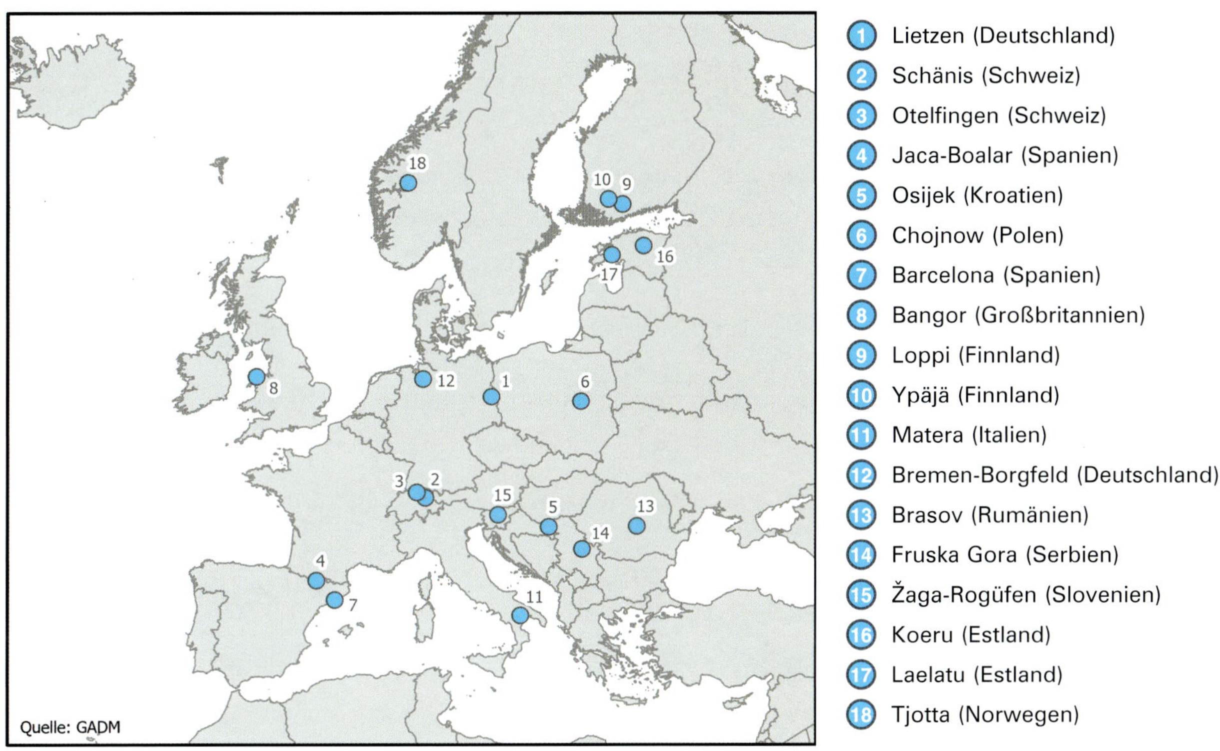

Abb. 17. Gesamtüberblick über die Standorte der Gefügeanalyse im COST-Netzwerk KEYSOM.

An zwei Standorten wurden die Ergebnisse der Röntgen-CT mit der Spatendiagnose (Packungsdichte und einfache Feldgefügeansprache für den Praktiker) verglichen (siehe S. 154 und S. 162).

Zusätzlich wurden zwischen 2017 und 2019 an 36 Standorten in 13 europäischen Ländern ungestörte Bodenproben aus Wald und Grünland untersucht (Abb. 17, JIMENEZ et al., 2020; COST-Netzwerk KEYSOM, ES 1406). Im COST-Netzwerk KEYSOM untersuchten Modellierer und Bodenökologen aus 28 europäischen Ländern zwischen 2015 und 2019 den Zusammenhang zwischen Bodenfauna und Kohlenstoffdynamik im Boden.

Das Diagnosewerkzeug »Bodengefüge« – Funktionsweise, Vorteile, Perspektiven

Das Diagnosewerkzeug »Bodengefüge« informiert den Landwirt über den Bodengefügezustand seiner Ackerflächen. Damit verhilft es ihm zu zielführenden Entscheidungen bei der Ausgestaltung seines Anbausystems.

Zu den Eigenschaften des Bodengefüges, die im Gefügebild direkt erkannt werden können, gehören die folgenden Parameter:

- Auswirkung der Bewirtschaftung (Bodenbearbeitung, Fruchtfolge, Düngung)
- Bodenverdichtung
- Stabilität des Bodens gegenüber mechanischer Belastung (z. B. in Fahrspuren). Ist es bisher gelungen, Bodenverdichtung zu vermeiden?
- Der Verschlämmungsgrad der Bodenoberfläche als wichtiger Indikator für die Gefügestabilität. Er ist zugleich ein Spiegelbild der Regenverdaulichkeit.
- Intensität der Besiedlung durch Bodenlebewesen, vor allem durch Regenwürmer.
- Durchwurzelung
- Ausmaß der Vermischung von organischem Material mit mineralischen Bodenbestandteilen als Indikator für die Höhe des Nahrungsangebotes für Bodenlebewesen

Während es unmöglich ist, in kurzer Zeit wissenschaftliche Langzeit-Daten zu der biologischen Aktivität (Regenwürmer, Mikroorganismen), der Anzahl der Bioporen im Boden oder dem C_{org}-Gehalt des Bodens zu bekommen, zeigt das digitale Gefügebild das Langzeit-Ergebnis der konzertierten Aktion all dieser Faktoren in der Realität objektiv und quantifizierbar auf.

Der Landwirt kann – vielleicht gemeinsam mit seinem Berater – mit den Informationen des digitalen Gefügebildes entscheiden, ob das aktuell praktizierte Anbausystem die Anforderungen an eine nachhaltige Bodenbewirtschaftung erfüllt oder ob eine Veränderung/Verbesserung des Gefüges durch eine Änderung der Bewirtschaftung angestrebt werden sollte.

Der Gefügeatlas ist die Grundlage dieses Diagnosewerkzeuges, weil hier charakteristische Gefügezustände (Röntgen-CT-Bilder) gezeigt werden, die auf verschiedenen Böden unter dem Einfluss bestimmter landwirtschaftlicher Maßnahmen entstehen.

Die im DIWELA-Projekt untersuchten Gefügezustände stammen überwiegend aus der Oberkrume (0–12 cm) und nur zum kleinen Teil aus der Unterkrume und dem krumennahen Unterboden. Die Oberkrume ist vor allem für den Regenwurm als Nahrungs- und Fortpflanzungsraum relevant (GRAFF 1984).

Im Mittelpunkt der Gefügeanalyse stehen die folgenden Teilgefüge:

1) Mineralboden
2) Makroporensystem
3) Aggregierung
4) Wurzeln

Es ergeben sich daraus

1) allgemeine Kennzeichen von Gesetzmäßigkeiten zwischen Maßnahme und Ergebnis im Zustand des Bodenkörpers,
2) Ansätze für eine Bewertung verschiedener Zustände (günstige bzw. ungünstige Bodenstruktur),
3) Ansätze für eine faktenbasierte Bewertung von landwirtschaftlichen Maßnahmen, Anbausystemen oder Bewirtschaftungsweisen (konventionell vs. ökologisch) aus dem Blickwinkel des Bodengefüges.

Die hier im Gefügeatlas dargestellten Gefügezustände sind erst der Anfang einer umfangreichen Gefügecharakterisierung von Ackerböden mit modernen Verfahren.

Es könnte der erste Schritt sein hin zu einer umfassenden Bewertung des Bodengefüges aus Sicht der Bodengesundheit (»soil health«, KIBBLEWHITE et al. 2008, VEERMAN et al. 2020).

Vorteile des Diagnosewerkezeugs »Bodengefüge«

Jede landwirtschaftliche Maßnahme hat direkte und indirekte Wirkungen auf das Bodengefüge und verändert dessen Funktion. Die Methodologie ermöglicht eine Visualisierung von Effekten, welche das Erkennen von Ursachen des Gefügezustandes und das Ableiten von Konsequenzen für die Bodenfunktion erleichtert.

Der Landwirt bekommt dadurch einen Einblick in die Architektur, den Bau seiner wichtigsten Ressource – des Bodens – und damit für einen wichtigen, funktional bedeutsamen, aber häufig vernachlässigten Aspekt der landwirtschaftlichen Praxis.

Der didaktische Nutzen eines solchen Verfahrens ist erheblich, da nicht nur dem Fachmann, sondern auch dem Laien die Auswirkung landwirtschaftlicher Bewirtschaftung auf das Ökosystem Boden verdeutlicht werden kann. Fehleinschätzungen können auf diese Weise korrigiert werden.

Wie kann das aussehen?

Im Folgenden werden typische Gefügezustände dargestellt, um die wesentlichen Merkmale für ein »optimales« oder »suboptimales« Gefüge zu verdeutlichen, die Ursachen anzugeben und Handlungsempfehlungen abzuleiten.

Das Ziel der nachfolgenden Ausführungen ist es, die Auswirkungen von günstiger und ungünstiger Bewirtschaftung auf das Bodengefüge am jeweiligen Standort zu verdeutlichen.

Die Erklärung und Bewertung der unterschiedlichen Gefügezustände erfolgte nach dem folgenden Schema:

Bild	Standort, Methode	Analyse	Bewertung	Ursache/ Bewirtschaftung	Handlungs-empfehlung
Wie sieht das Gefüge aus?	Ort der Probenentnahme und Messmethodik (z. B. Mikro-CT)	Was sieht man auf dem Bild?	Was sagt dieses Bild für mich als Landwirt über meinen Boden aus?	Wie ist dieser Zustand erreicht worden?	Was kann getan werden, um den Zustand zu verbessern?

Tabelle 2. Schema zur Darstellung und Bewertung von Zuständen des Bodengefüges anhand von Beispielen aus dem DIWELA-Projekt.

Bodengare und Krümelgefüge

Bodengare

Der Inbegriff für einen günstigen Bodengefügezustand ist die ›Bodengare‹, ein alter Begriff aus der praktischen Landwirtschaft. Unter einem garen Ackerboden versteht man einen krümeligen, gut durchlüfteten Zustand, in dem sich der Boden gut bearbeiten lässt und beim Bearbeiten keine Kluten oder Schollen hinterlässt. Das Wesen des garen Bodens ist seine »Krümeligkeit«. Diese Struktur wird durch eine intensive Lebendverbauung durch bodenständige Mikroorganismen ermöglicht. Der Garezustand ist also die Folge der Lebenstätigkeit von Organismen (SAUERLANDT & TIETJEN 1970) (vgl. das Kapitel »Das Bodenleben als wichtigster gefügewirksamer Faktor«, S. 14). Moderate Tongehalte zwischen 20 bis 25% Ton begünstigen neben der organischen Substanz ebenfalls die Entstehung eines Garezustandes.

Ein Krümelgefüge – die günstigste Gefügeform – kann aus Tonen, Lehmen und Schluffen entstehen, weniger aus Sanden. Krümelgefüge entsteht bei reichlicher Zufuhr von organischer Substanz und hoher biologischer Aktivität.

Ein schwammartiges Hohlraumgefüge mit einem hohen Anteil an biogenen Makroporen, besonders der weiten Grobporen $> 63\,\mu m$, erhöht die Infiltrationskapazität des Bodens (Abb. 3, S. 13 und Abb. 6, S. 18). Dabei spielt auch die Gefügestabilität eine wichtige Rolle.

Beim Krümelgefüge können wir von einer intensiven Lebendverbauung und einer hohen Gefügestabilität ausgehen. In jedem Fall verbessert sich durch diesen Gefügezustand die Anpassung an Wetterextreme und Auswirkungen des Klimawandels (Dürre, Trockenheit, Überflutung).

Sandiger Boden, Nicht wendende Bodenbearbeitung ohne Lockerung, partielle Saatbettbereitung, Streifensaat, Medizin. CT

Abb. 18. Optimales Bodengefüge (Krümelgefüge), nach Mais-Streifensaat, Beerfelde, 15.10.20; Vertikalschnitt durch Bodenprobe 0–12 cm, Medizin. CT (IZW, Fritsch), AZ 38–40, lehmiger Sand bis sandiger Lehm; Regenwurm, eingerollt in Aestivationshöhle, in unterer Hälfte der Bodensäule.

Standort, Methode

Beerfelde, Agrargenossenschaft Fürstenwalde, 0–12 cm Bodentiefe, 1.0 % TOC; lehmiger Sand

Medizin. CT (IZW, Fritsch)

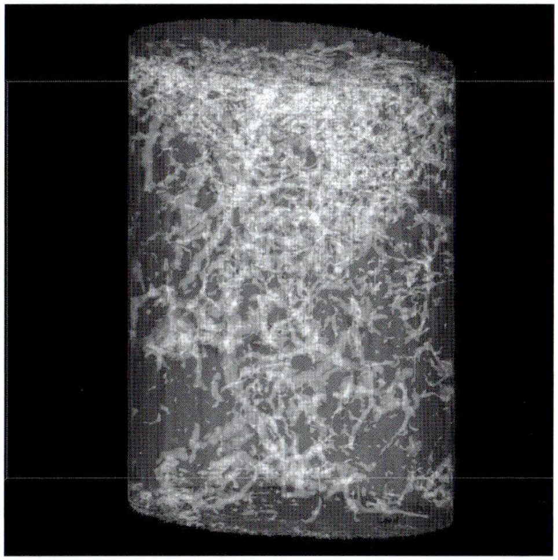

Analyse

Gut ausgebildete Porosität, gute Aggregierung, Krümelgefüge, keine Verdichtung, gute Durchmischung (Homogenisierung).

La 2 offen, Mb 1 sehr hoch

Bewertung

Voll funktionsfähiges Bodengefüge, hohes Infiltrationsvermögen, stabil bei Starkniederschlägen, elastisch (federt), wenig anfällig gegen Schadverdichtungen, Stabilisierung durch Regenwürmer.

Abb. 19. 3D-Visualisierung der Makroporen (> 300 µm) in der Bodensäule von Abbildung 18.

Ursache / Bewirtschaftung

Minimale Bodenbearbeitung: tiefe Bodenbearbeitung (–12 cm) nur einmal in 2 Jahren, Streifensaat, HORSCH Focus, partielle Saatbettbereitung vor der ZwF, Mais Direktsaat, Abstand 35 cm zwischen Streifen.

Handlungsempfehlungen

Sowenig Bodenbearbeitung wie möglich in der Fruchtfolge, Wechsel von Sommer- und Winterkulturen mit ZwF, Mischungen mit mehr als 2 Arten.

Abb. 20. Bodenoberfläche mit Regenwurmlosung nach Zwischenfruchtmischung (u. a. Wicke, Phacelia), wie sie im Boden von Abbildung 19 zum Einsatz kam. Förderung des Bodenlebens durch Schaffung vieler Lebensräume für Bodenorganismen, Erhöhung der Habitatvielfalt. – Foto: Andreas Muckwar

Sandiger Boden, Nicht wendende Bodenbearbeitung mit Lockerung, Mikro-CT

Abb. 21. Optimales Bodengefüge bei reduzierter, nicht wendender Bodenbearbeitung mit krumentiefer Lockerung; Vertikalschnitt durch Bodenprobe 0–12 cm; Praxisversuch Lietzen (siehe auch Abb. 51, S. 76); Mikro-CT (BAM, Illerhaus), Fruchtart Winterroggen, AZ, schluffiger Sand; Regenwurm, eingerollt in Aestivationshöhle in unterer Hälfte der Bodensäule.

Standort, Methode

Praxisversuch Lietzen, schluffiger Sand, 0–12 cm Bodentiefe (Parzelle 6929, Probe 2), August 2016

Mikro-CT (BAM, Illerhaus)

Analyse

Krümelgefüge, zahlreiche, zum Großteil gerundete biogene Aggregate, Gefüge porös, heterogen, zahlreiche Makroporen (RW-Gänge), in oberer Hälfte Wurmlosungsgefüge.

La2 offen, Mb 1 sehr hoch

Bewertung

Hohe bodenbiologische Aktivität, mit positivem Einfluss auf Nährstoffverfügbarkeit, Wasserhaltekapazität, Kohlenstoff-Speicherung; Gefüge quantitativ von Bodenorganismen durchgearbeitet.

Ursache / Bewirtschaftung

Reduzierte Bodenbearbeitung (Exaktgrubbern), getreidedominierte Fruchtfolge, hoher Regenwurmbesatz (274 RW/m^2).

Handlungsempfehlung

Gutes Bodengefüge, evtl. Fruchtfolge mit Leguminosen aufweiten, Bodenbearbeitung weiter reduzieren (Streifensaat).

Abb. 22. 3D-Visualisierung der Makroporen (> 300 µm) in der Bodensäule von Abbildung 21, untersucht mit medizinischer CT (IZW, Fritsch).

Lehmiger Boden, Nicht Wendende Bodenbearbeitung ohne Lockerung,
partielle Saatbettbereitung, Streifensaat,
Medizin. CT

Abb. 23. Optimales Bodengefüge (Krümelgefüge) nach Mais Streifensaat, Smielin (Polen), 18.10.21 (JASKULSKI); Vertikalschnitt durch Bodenprobe 0–12 cm; Medizin. CT (IZW, Fritsch), AZ 50, sandiger Lehm, mit Regenwürmern; Risse vermutlich entstanden bei der Probenahme

Standort, Methode

Agroplant Śmielin, (Polen), 0–12 cm Bodentiefe, 41 % Sand, 52 % Schluff, 6 % Ton, C_{org} 1.2 %

Medizin. CT (IZW, Fritsch)

Analyse

Große Porosität, gute Aggregierung, Schwammgefüge, Zugrisse infolge Druckbelastung, gute Durchmischung (Homogenisierung), 0–3 cm locker.

La 3, 3–7 cm La 3, 7–12 cm ziemlich kompakt, fast La 4, aber biogen perforiert, Mb 2 hoch

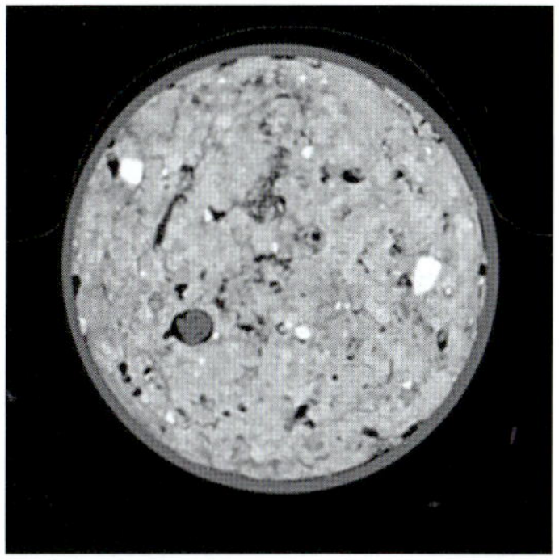

Abb. 24. CT-Querschnitt durch Bodenprobe mit Regenwurm.

Bewertung

Voll funktionsfähiges Bodengefüge, hohes Infiltrationsvermögen, stabil bei Starkniederschlägen, wenig anfällig gegen Schadverdichtungen, Stabilisierung durch Regenwürmer.

Ursache / Bewirtschaftung

Partielle Saatbettbereitung ohne Lockerung, Streifensaat, MZURI Protil, Abstand 35 cm zwischen Streifen, Vorfrucht: Weizen, ZwF: Rettich, Düngung: 100 kg DPA, 150 kg AHL.

Handlungsempfehlung

Sowenig Bodenbearbeitung wie möglich in der Fruchtfolge, Wechsel von Sommer- und Winterkulturen mit ZwF, Mischungen mit mehreren Arten.

Abb. 26. 3D-Visualisierung der Makroporen (> 300 µm) (Boden mit hoher Regenwurmaktivität).

Abb. 25. Foto der Bodenoberfläche, 13.10.2021; Reste der ZwF (Rettich), von Regenwürmern zusammengezogen. – Foto: Wolfgang Nürnberger

Lößboden, Wald,
Mikro-CT

Abb. 27. Waldboden, Vertikalschnitt durch Bodenprobe 0–12 cm, Jaca (Spanien), 2015 (JIMENEZ), Mikro-CT (BAM, Illerhaus).

Standort, Methode

Jaca (Spanien), 0–12 cm Bodentiefe, Löß

Mikro-CT (BAM, Illerhaus)

Analyse

Heterogenes Gefüge: Steine, biogene Aggregate, Wurzeln, Hohlräume.

Mb 4 gering, Wv 1 gleichmäßig.

Bewertung

Voll funktionsfähiges Bodengefüge, heterogen, Aggregierung.

Ursache / Bewirtschaftung

Laubwald: leicht abbaubare Blätter, aktive Bodenfauna, keine Bodenbearbeitung.

Handlungsempfehlungen

Keine

Abb. 28. 3D-Visualisierung der Feinwurzeln in Bodensäule von Abbildung 27 (Waldboden Jaca, Spanien), Mikro-CT (BAM, Illerhaus).

Sandiger Boden, Grünland,
Medizin. CT

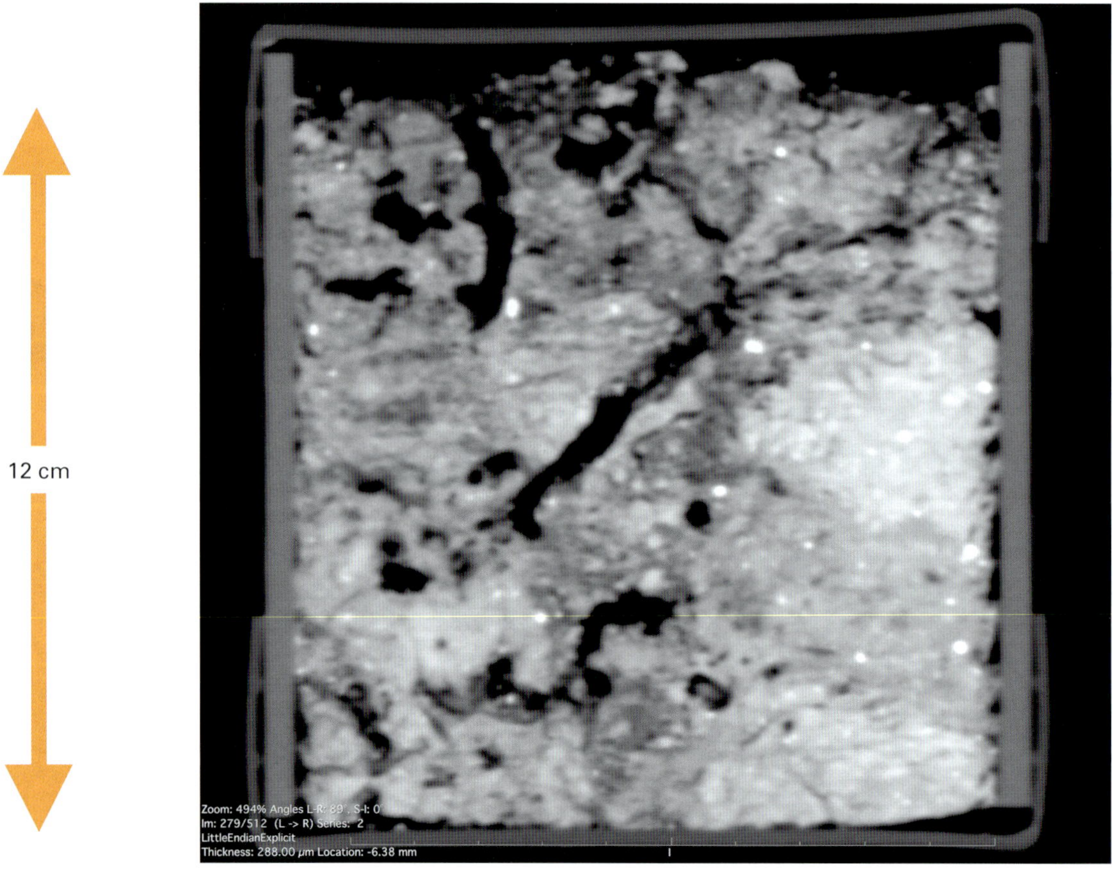

Abb. 29. Bodengefüge in einem Grünlandboden; Vertikalschnitt durch Bodenprobe 0–12 cm; Schorfheide-Chorin, SEG 7a Biodiversitätsexploratorien 2010 (KUKA), Medizin. CT (IZW, Fritsch) .

Standort, Methode

Schorfheide-Chorin, Biodiversitätsexploratorien, 0–12 cm Bodentiefe

Medizin. CT (IZW, Fritsch)

Analyse

Große Porosität, Regenwurmgänge.

La 2 offen, Mb 3 mittel

Bewertung

Voll funktionsfähiges Bodengefüge.

Ursache / Bewirtschaftung

Keine Bodenbearbeitung, Bodenruhe, hoher Kohlenstoff-Eintrag, große bodenbiologische Aktivität.

Handlungsempfehlung

Als Grünland beibehalten.

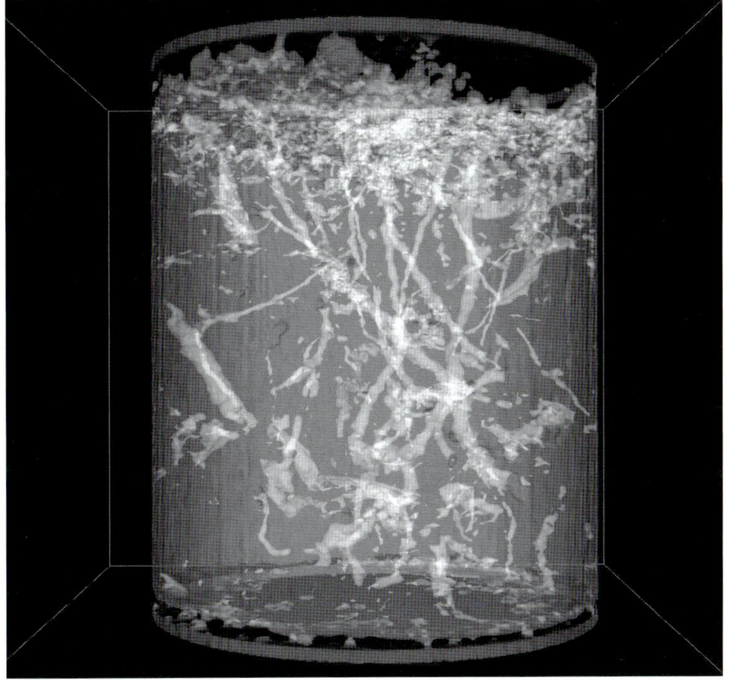

Abb. 30. 3D-Visualisierung der Makroporen (> 300 µm) in Bodensäule von Abbildung 29.

VERDICHTETER BODEN

Typisches Beispiel eines nicht voll funktionsfähigen Bodens ist ein verdichteter Boden. Bodenverdichtung entsteht z. B. durch Belastung oder Befahrung des Bodens durch schweres Gerät bei mangelnder Stabilität des Gefüges.

Kennzeichen eines verdichteten Bodens ist eine Verringerung der Grobporen. Dies führt zu einer mangelnden Durchlüftung des Bodens und zu einer Verringerung der Wasserleitfähigkeit und des Infiltrationsvermögens. Bei Starkregen kommt es zu Wasserstau; in Hanglagen werden verdichtete Fahrspuren zu Erosionsrinnen mit erhöhtem Oberflächenabfluss (siehe Abb. 6, S. 18). Außerdem besteht die Gefahr der Ausbildung staunasser Zonen in der lockeren Ackerkrume über der Pflugsohle. Die Auswirkungen der Bodenverdichtung auf die Bodenfunktionen werden in LEBERT et al. (2004) und BRUNOTTE et al. (2016) ausführlich beschrieben.

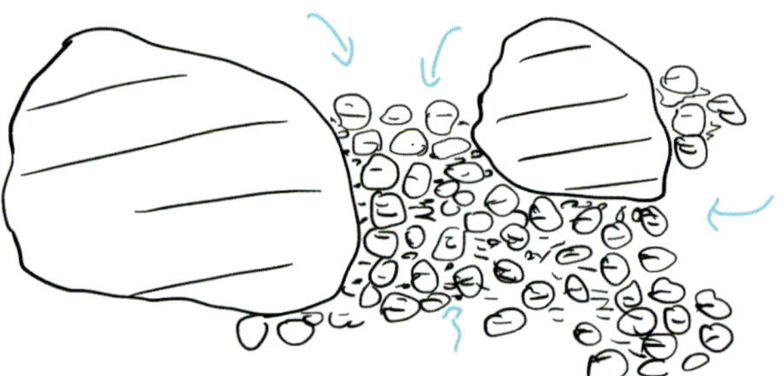

Abb. 31. Verdichteter Boden mit reduzierter Habitatfunktion (unten) im Vergleich zu unverdichtetem Boden mit guter Habitatfunktion (oben) für Collembolen und andere Bodentiere. Mit blauen Pfeilen werden die zugänglichen Freiräume angedeutet (JOSCHKO et al. 1990).

Die Habitatfunktion des Bodens für Kleintiere und auch Mikroorganismen ist stark eingeschränkt (Abb. 31). Auch die Durchwurzelbarkeit des Bodens ist vermindert, da Pflanzenwurzeln nur bestimmte Drücke aufwenden können, um das Substrat zu durchdringen.

Ein besonderes Problem ist die innere Verdichtung von Aggregaten, die auch durch lockernde Bearbeitungsgeräte nicht beseitigt werden kann. Durch die Auflockerung können zwar in den Aggregatzwischenräumen weite Sekundärporen geschaffen werden, aber die verdichteten Aggregate können dabei nicht wieder aufgeweitet werden (MEYER 1985). Die Auflösung innerer Verdichtungen von Aggregaten gelingt aber den Regenwürmern bei der Passage von verdichtetem Boden durch ihren Darmtrakt (siehe Abb. 1, S. 6); in verdichtetem Boden fressen sich die Regenwürmer durch diesen hindurch (JOSCHKO 1988, JOSCHKO & ALTEMÜLLER 1989).

Erkennen von Schadverdichtungen im Gelände

- Hoher mechanischer Widerstand beim Graben, Sondieren oder Stechen mit Taschenmesser (nur Verdacht auf Verdichtung)
- Hoher Grad der Scharfkantigkeit der Aggregate – Polyeder oder Platten (nur Verdacht auf Verdichtung)
- Fehlen von Bioporen (Indikator einer Schadverdichtung)
- Ungleichmäßige Wurzelverteilung – Wurzelfilz auf den Aggregatoberflächen (sicherer Indikator starker Schadverdichtung)

Foto: Andreas Muckwar

Flächenhafte Indikatoren für Schadverdichtungen

Motto: Die Folgen von Verdichtungen,
sind oberirdisch sichtbar!!

- Auffälligkeiten des Pflanzenbestandes – besonders bei extremer Witterung: Symptome von Luftmangel bei hoher Bodenfeuchte bzw. Wassermangelsymptome in Trockenperioden und Minderertrag.
- Ungenügende Infiltration bei Starkregenereignissen, daher Verschlämmung, Pfützenbildung bzw. Oberflächenabfluss sowie Bodenerosion, teils sogar flächenhafte Kleinrillenerosion.

Verschlämmung und Erosionsspuren bleiben lange sichtbar.

Bodenverdichtung in sandigen Böden

Die Verdichtungsempfindlichkeit von sandigen Böden mit unterschiedlicher Korngrößenzusammensetzung ist besonders hoch, da stabilisierende innere Kräfte fehlen.

Quer verlaufende Risse können ein unsachgemäßer Probenahmeeffekt sein, weisen aber als Verdichtungsergebnis auf Zugrisse hin.

Bodenverdichtung in sandigen Böden

Sandiger Boden, Verdichtung nach Bodenbelastung,
Medizin. CT

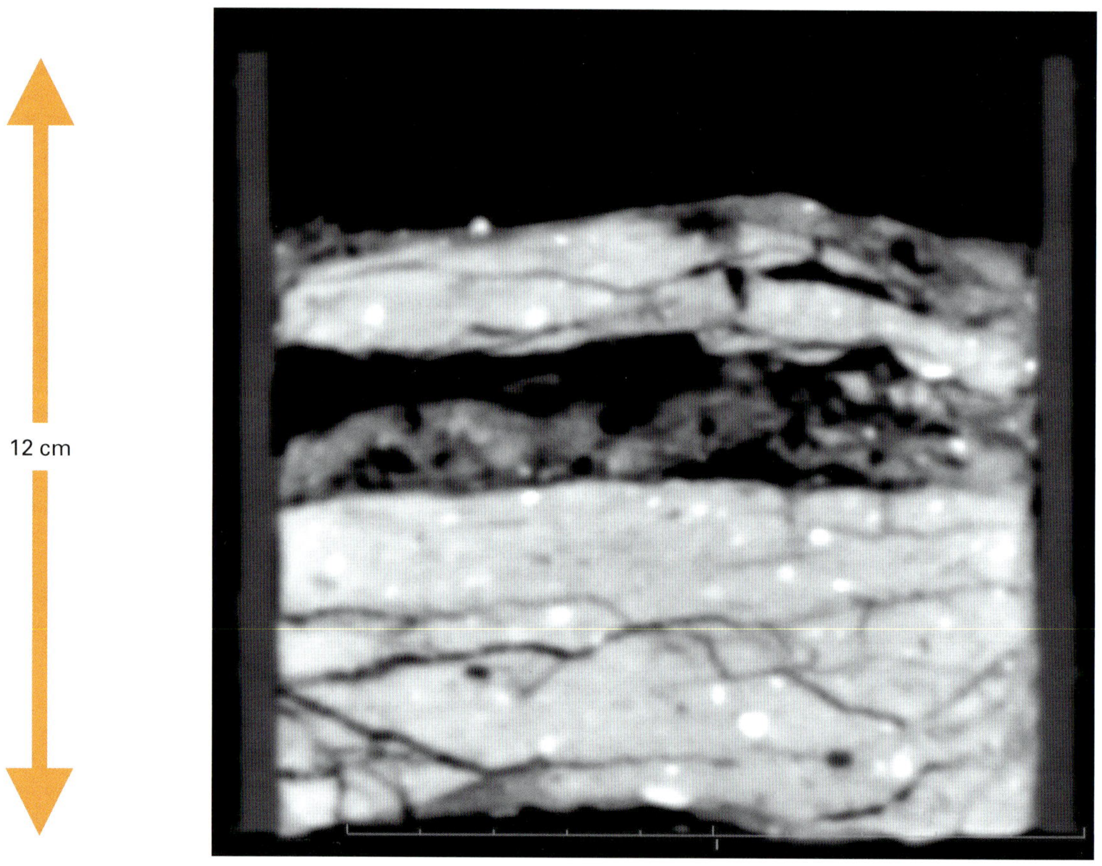

Abb 32. Starke Bodenverdichtung (hellgrau) mit zahlreichen quer verlaufenden Rissen, aus dem Vorgewende, Plattengefüge; Vertikalschnitt durch Bodenprobe 0–8 cm; Praxisversuch Lietzen, Medizin. CT (IZW, Fritsch); wegen starker Verdichtung keine vollständige Probenahme (12 cm Höhe) möglich.

Standort, Methode

Praxisversuch Lietzen, schluffiger Sand (Su3), 0–12 cm Bodentiefe, reduzierte Bodenbearbeitung

Medizin. CT (IZW, Fritsch)

Analyse

Dichtes Gefüge, quer verlaufende Risse; Artefakte durch die Probenahme; keine Hohlräume in verdichteten Bereichen.

La 4 fast geschlossen, Mb 5 sehr gering bis Null

Bewertung

Gefüge zu kompakt, Funktion eingeschränkt, Wasser- und Gasaustasch vorzugsweise in horizontaler Richtung möglich, geringe Habitatfunktion.

Ursache / Bewirtschaftung

Belastung durch Maschinen im Vorgewende, Reduzierte Bodenbearbeitung (Grubbern) nicht ausreichend bei der starken Belastung, getreide-dominierte Fruchtfolge.

Handlungsempfehlung

Belastung reduzieren, evtl. stärker organisch düngen, Verdichtungen aufbrechen.

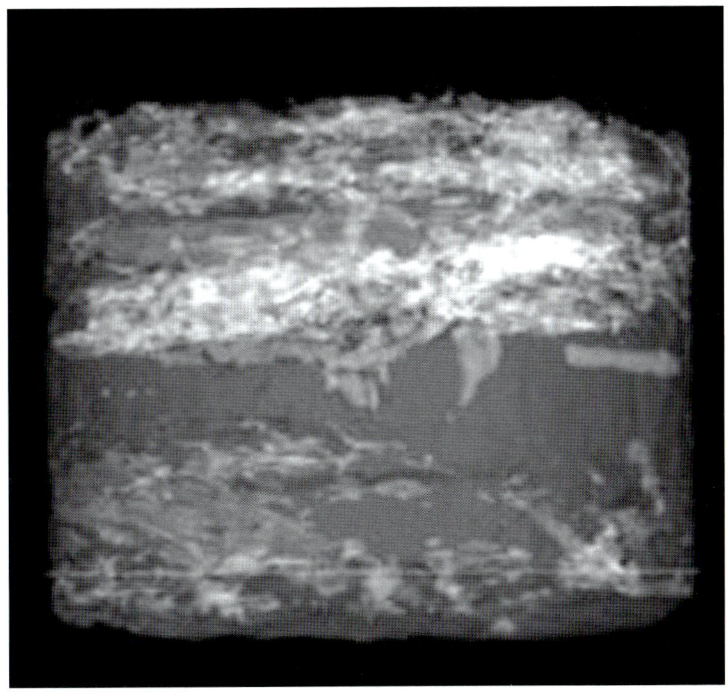

Abb. 33. 3D-Visualisation der Makroporen (weiß) (> 300 µm) aus Abbildung 32.

Sandiger Boden, Verdichtung nach Bodenbelastung, Mikro-CT

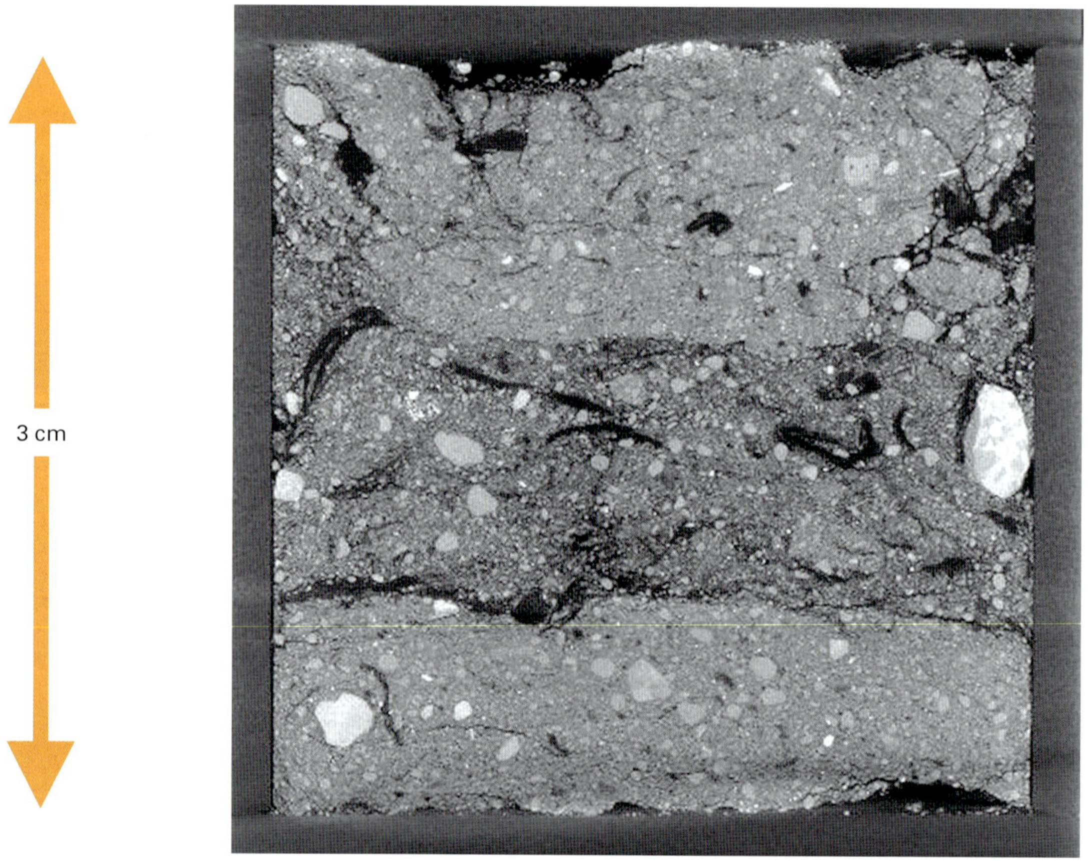

Abb. 34. Stark verdichteter Boden aus dem Vorgewende, ohne Grobporen, deutlich geschichtet, mit organischem Material (Strohresten), Vertikalschnitt aus kleiner Bodenprobe, entnommen aus großer Bodenprobe von Abbildung 32, Praxisversuch Lietzen, Mikro-CT (BAM, Illerhaus, in GRASSMEL *2017).*

Standort, Methode

Praxisversuch Lietzen, schluffiger Sand (Su3), 0–3 cm Bodentiefe, reduzierte Bodenbearbeitung »Schandfleck« (HARRACH); in GRASSMEL (2017)

Mikro-CT (BAM, Illerhaus)

Analyse

Dichtes Gefüge, quer verlaufende Risse; keine Hohlräume.

Mb 5 sehr gering bis Null

Bewertung

Gefüge sehr kompakt, eingeschränkt funktionsfähig, Plattengefüge; stark eingeschränkter Wasser-/Luftaustausch, geringe Habitatfunktion.

Ursache / Bewirtschaftung

Belastung durch Maschinen im Vorgewende, Reduzierte Bodenbearbeitung (Grubbern) nicht ausreichend bei der starken Belastung, getreide-dominierte Fruchtfolge ohne ZwF.

Handlungsempfehlung

Belastung reduzieren, evtl. stärker organisch düngen, Verdichtungen aufbrechen.

Abb. 35. Stark verdichteter Boden, ohne Grobporen, deutlich geschichtet, mit organischem Material (Strohresten), Vertikalschnitt aus kleiner Bodenprobe, entnommen aus großer Bodenprobe von Abbildung 32, aus dem Vorgewende, Praxisversuch Lietzen, Mikro-CT (BAM, Illerhaus).

Sandiger Boden, Verdichtung nach Pflugfurche, Mikro-CT

Abb. 36. Verdichteter und verschlämmter Sandboden nach Pflugfurche mit Beregnung, Maismonokultur, Langzeitfeldversuch V4, Müncheberg, September 2015; 0–3 cm; Mikro-CT (BAM, Illerhaus, in GRASSMEL 2017).

Standort, Methode

Langzeitfeldversuch V 4, ZALF 2015, nach Mais 0–3 cm Bodentiefe, anlehmiger Sand; in GRASSMEL (2017)

Mikro-CT (BAM, Illerhaus)

Analyse

Einzelkorngefüge, keine Aggregate erkennbar, Verschlämmung, Kornsortierung, nach Beregnung.

La 5 geschlossen, Mb 5 sehr gering bis Null, Verschlämmungskruste

Bewertung

Bodenbiologische Aktivität ungenügend, instabil, verdichtungsempfindlich.

Ursache / Bewirtschaftung

Wendende Bodenbearbeitung mit dem Pflug, Maismonokultur, beregnet.

Handlungsempfehlung

Bodenbearbeitung reduzieren, Fruchtfolge aufweiten (Leguminosen), organische Düngung mit Stallmist, oder Kompost.

Sandiger Boden, Verdichtete Aggregate im gepflügten Boden, Mikro-CT

Abb. 37. Überlockerter gepflügter Boden im Vorgewende mit verdichteten Aggregaten unter Winterraps, Bröckelgefüge; Vertikalschnitt durch eine Bodenprobe 0–3 cm; Dolgelin, November 2016, Mikro-CT (BAM, Illerhaus, in GRASSMEL 2017), siehe auch Abbildung 57 (S. 88).

Standort, Methode

Praxisbetrieb Miethke, Dolgelin, lehmiger Sand, 0–3 cm Bodentiefe; in GRASSMEL (2017)

Mikro-CT (BAM, Illerhaus)

Analyse

Lockere Lagerung, wenige gerundete, viele scharfkantige Aggregate.

La 1–2 offen bis sperrig, einzelne Aggregate La 3–4 halboffen bis fast geschlossen, Mb 5 sehr gering bis Null

Bewertung

Überlockert, mit verdichteten Aggregaten, geringe bodenbiologische Aktivität, instabiles Gefüge.

Ursache / Bewirtschaftung

Pflugbearbeitung zu Winterraps, keine Zwischenfrucht, Verdichtung resultierend aus den Überfahrten der Vorkultur.

Handlungsempfehlung

Bodenbearbeitung reduzieren, Zwischenfrucht einsäen.

Tonboden, Verdichtung nach Bodenbelastung, Mikro-CT

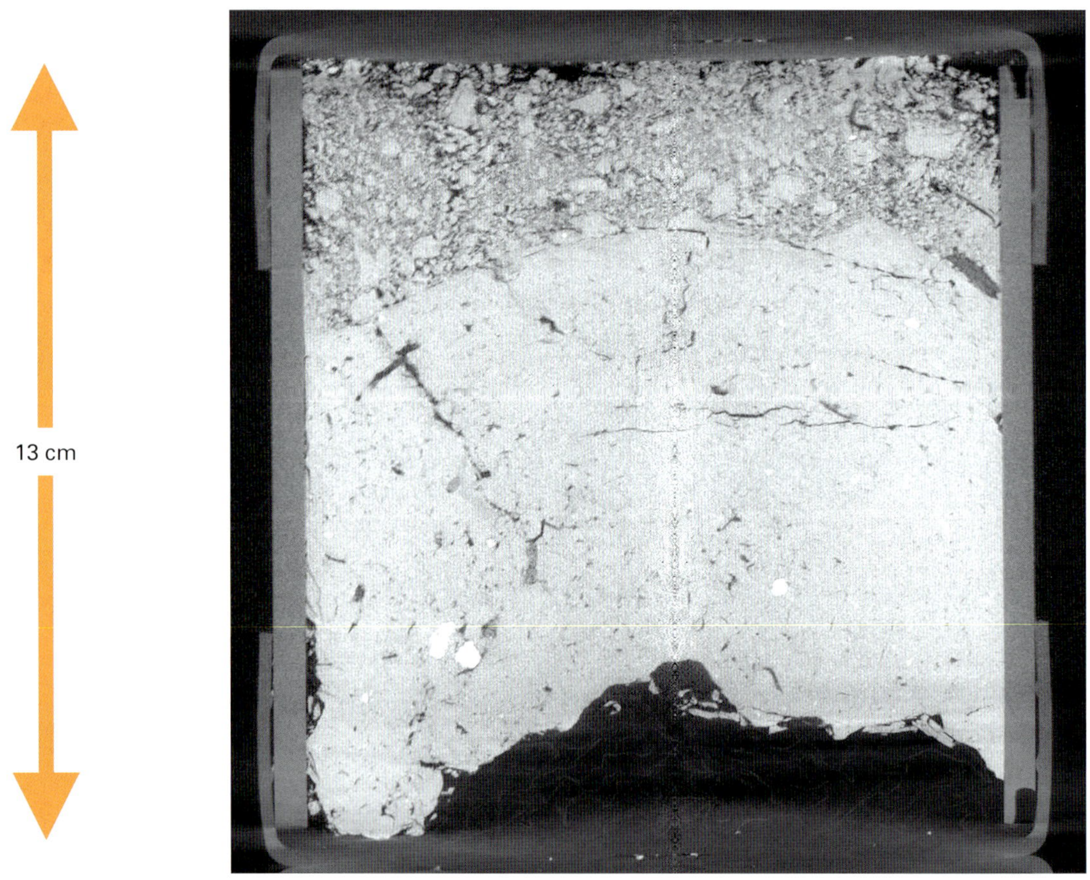

Abb. 38: Stark verdichteter Tonboden,Trebur (Hessen), Oktober 2018 (HARRACH), Vertikalschnitt durch Bodenprobe 1–13 cm, Packungsdichte 4–5. Der Boden war bei der Entnahme äußerst trocken. Mikro-CT (BAM, Illerhaus).

Standort, Methode

Praxisbetrieb Hermann Schaaf, Hessen, Auenton, 1–13 cm Bodentiefe, Gley-Humuspelosol aus Auenton

Mikro-CT (BAM, Illerhaus)

Analyse

Verdichtet, kompakt; Bröckelgefüge oben, unten Kohärentgefüge, wenige Bioporen.

La 4 fast geschlossen, Mb 5 sehr gering bis Null, Wv 4

Bewertung

Geringe bodenbiologische Aktivität, Gefüge zu kompakt, Funktionen nicht gewährleistet.

Ursache / Bewirtschaftung

Verdichtung/Belastung durch Rübenmiete im Herbst 2017, starke Verdichtung nach Tieflockerung.

Handlungsempfehlung

Aufbrechen der Verdichtung, Stabilisierung des Bodengefüges durch Zwischenfrüchte, organische Düngung zur Aktivierung des Bodenlebens.

Tonboden, Verdichtung in der Unterkrume nach Bodenbelastung, Mikro-CT

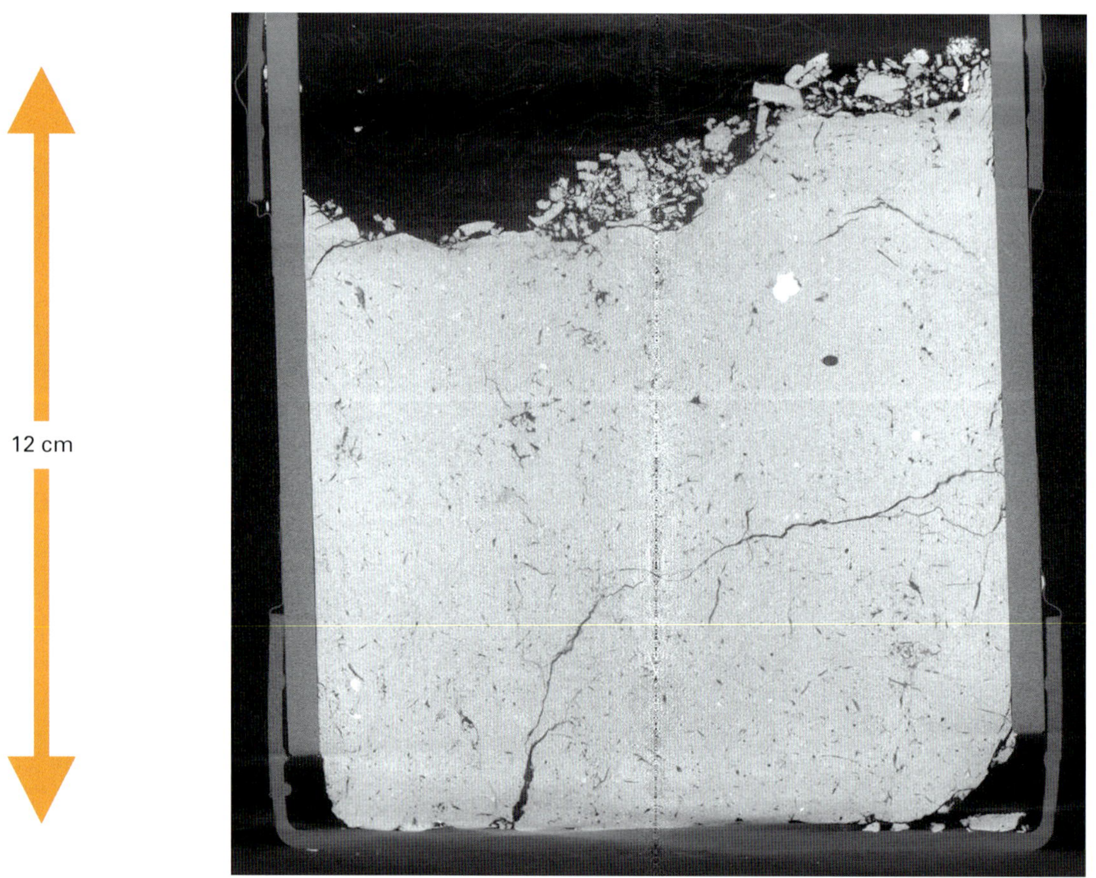

Abb. 39. Stark verdichteter Tonboden, Trebur (Hessen), Oktober 2018 (HARRACH), Vertikalschnitt durch Bodenprobe 14–26 cm (Unterkrume), Packungsdichte 4–5/4, Mikro-CT (BAM, Illerhaus).

Standort, Methode

Praxisbetrieb Hermann Schaaf, Hessen, Auenton, 14–26 cm Bodentiefe

Mikro-CT (BAM, Illerhaus)

Analyse

Verdichtet, kompakt; wenige Bioporen, keine Aggregate, Kohärentgefüge (Ton).

La 4–5 fast geschlossen bis geschlossen, Mb 5 sehr gering bis Null

Bewertung

Geringe bodenbiologische Aktivität, Gefüge zu kompakt, Funktionen nicht gewährleistet.

Ursache / Bewirtschaftung

Verdichtung/Belastung durch Rübenmiete im Herbst 2017, starke Verdichtung nach Tieflockerung.

Handlungsempfehlung

Aufbrechen der Verdichtung, Stabilisierung des Bodengefüges durch Zwischenfrüchte, organische Düngung zur Aktivierung des Bodenlebens.

Abb. 40. Reste von organischem Material einschließlich Wurzeln in der Bodenprobe von Abbildung 39 (BAM, Illerhaus).

BODENVERSCHLÄMMUNG

Verschlämmung

Unter Verschlämmung versteht man die Verlagerung von Bodenteilchen an der Bodenoberfläche durch Regentropfen bzw. durch Oberflächenwasser. Durch Tropfenschlag (Hagel, Starkregen, Dauerregen, Beregnung) werden die Bodenaggregate mehr oder weniger stark abgetragen oder mechanisch zerschlagen, wobei Feinanteile bzw. Einzelkörner herausgespült werden. Die verspülten Teilchen setzen sich in Vertiefungen der Bodenoberfläche ab, sofern sie nicht dem Abtrag mit dem Oberflächenabfluss unterliegen. Die so entstandene Depositionskruste, die oft geschichtet ist, weist eine geringe Durchlässigkeit auf.

Folgen einer Bodenverschlämmung sind:

- Einebnung, dies führt zu beschleunigtem Oberflächenabfluss.
- Verschluss von Grobporen, auch der Bioporen an der Bodenoberfläche; dies führt zur Verminderung der Wasseraufnahme (Infiltration) sowie zur Reduktion der Durchluftung.
- Durch Abtrocknung verhärtet sich das Sediment zu einer harten Kruste; diese kann den Durchbruch keimender Pflanzen durch die Bodenoberfläche verhindern.

Risiko und Intensität der Verschlämmung sind auch abhängig von der Planschwirkung der Regentropfen, mithin von der Häufigkeit von Starkregenereignissen, Intensität und Dauer eines Regens. Das Ausmaß der Verschlämmung hängt außerdem maßgeblich von der Stabilität der Bodenaggregate an der Bodenoberfläche ab. Vor allem bei schluffreichen und feinsandigen unbedeckten Böden kommt es bei Regenfällen zu starken Verschlämmungen, es sei denn, dem Landwirt gelingt es, die Gefügestabilität durch massive Förderung der biologischen Aktivität erheblich zu verbessern (s. Seite 66).

Auf ausgetrockneten leichten Sandböden kommt es schon bei geringen Niederschlägen zur Verlagerung der feineren Bodenteile in tiefere Schichten. Eine Kruste wird dabei selten gebildet, weil die zum Verbinden des Sandes notwendigen Kolloide (Tonminerale) nur in geringen Mengen vorhanden sind. Das kann nur reduziert werden durch Bodenbedeckung und Bodenruhe (siehe »Wie kann der Landwirt das Bodengefüge optimieren«, S. 66). Jede Bodenbearbeitung, besonders eine intensive Saatbettbereitung, erhöht das Risiko von Verschlämmung, Oberflächenabfluss und Bodenerosion.

Abb. 41. Oberflächenverschlämmung unter Mais, Wendende Bodenbearbeitung, Mehrartenfruchtfolge, beregnet (Beregnungsintensität 7–10 mm/d, häufig an zwei aufeinanderfolgenden Tagen). Langzeitfeldversuch V4. Längsschnitt aus Bodenprobe 0–3 cm, Mikro-CT (BAM, Illerhaus).

Abb. 42: Nicht verschlämmte Bodenoberfläche unter Mais, Direktsaat, Mehrartenfruchtfolge, beregnet (Beregnungsintensität 7–10 mm/d, häufig an zwei aufeinanderfolgenden Tagen). Langzeitfeldversuch V4; Längsschnitt aus Bodenprobe 0–3 cm, Mikro-CT (BAM, Illerhaus) in GRASSMEL (2017).

Unwetter nach einer Saatbettbereitung führt am häufigsten zu starken Erosionsschäden und Schlammlawinen. Die Minimierung der Eingriffsintensität bei jeder Saatbettbereitung ist ein starker Beitrag zum Bodenschutz. Zur Bonitierung der Verschlämmungsgrade siehe Seite 169.

Oben zu sehen sind Beispiele für verschlämmten (Abb. 41) und nicht verschlämmten Boden (anlehmiger Sand, Abb. 41) aus dem Langzeitfeldversuch V4 des ZALF Müncheberg. Der Unterschied zwischen beiden Böden liegt in der Art der Bodenbearbeitung, die stärker als die Fruchtfolge die Verschlämmungsneigung des Bodens beeinflusst: Bodenruhe bei Direktsaat förderte trotz Glyphosat die Bodentiere, wie Regenwürmer, Collembolen, Milben (HAUCK 2016) und verhinderte die Oberflächenverschlämmung nach Beregnung (Abb. 42). Bei Wendender Bodenbearbeitung kam es trotz Mehrartenfruchtfolge zur Oberflächenverschlämmung (Abb. 41).

WIE KANN DER LANDWIRT DAS BODENGEFÜGE OPTIMIEREN?

Prof. Tamas Harrach (Gießen) und Dr. Bernhard Keil (Frankfurt/Main)

Eine optimale Bodenstruktur hat folgende Funktionen zu erfüllen:

- Hohe Infiltrabilität für Niederschläge, auch bei Starkregenereignissen
- Optimale Durchlüftung und ungehinderte Durchwurzelbarkeit als Voraussetzungen für hohe Ertragsfähigkeit
- Hohe Stabilität gegenüber Niederschlägen, auch extremen Niederschlägen
- Hohe mechanische Stabilität (Tragfähigkeit) bei gleichzeitig guter Bearbeitbarkeit

Diesen vielfältigen, teils gegensätzlich erscheinenden Anforderungen kann nur ein Boden erfüllen, der durch hohe biologische Aktivität geprägt ist. Positiv auf das Bodengefüge wirken alle Bewirtschaftungsmaßnahmen, die das Bodenleben fördern. Wegen ihrer unschätzbaren Ökosystemleistungen sind dabei besonders die Regenwürmer von Bedeutung. Sie sind die wichtigsten Bodentiere in der Landwirtschaft (GRAFF 1984). Die Regenwürmer bauen unter idealen Bedingungen ein ungestörtes System grober, luftführender Poren auf, welche Luft und Wasser in den Boden führen (vgl. BAEUMER 1978).

Abb. 43. Wichtigstes Bodentier in der Landwirtschaft und Förderer der Bodengesundheit: der Regenwurm (Tauwurm) Lumbricus terrestris. – Foto: Stephan Brand

Jede mechanische Störung durch Bodenbearbeitung wirkt sich negativ aus, und zwar nicht nur auf die Bodenfauna, sondern auch auf gewünschte Mikroorganismengruppen (DOMSCH 1986). Pflugbearbeitung beseitigt die Mulchauflage, stimuliert die bakteriell bedingten Umsetzungen und fördert die Mineralisation durch höhere Sauerstoffgehalte im Boden. Böden mit reduzierter Bodenbearbeitung oder keinem Bodeneingriff weisen daher einen höheren C_{org}-Gehalt in der Oberkrume auf.

Ein wirklich günstiges Bodengefüge lässt sich daher nur mit **konsequent reduzierter Bodenbearbeitung** erzielen!

Die Reduzierung der Bodenbearbeitung kann folgende Aspekte betreffen:

- Die Intensität (nicht wendend statt wendend)
- Die Tiefe (flach statt krumentief)
- Die Zeit (lange Phasen der Bodenruhe statt häufig)
- Die Fläche (nur in Streifen statt ganzflächig)

Zur gezielten Förderung des Regenwurmbesatzes und der biologischen Aktivität sind folgende Maßnahmen notwendig (GRAFF 1984, HARRACH 2021):

1) Mulchen: Verbleib aller Erntereste und Unterlassen jeglicher wendenden Bodenbearbeitung. Der Mulch ist Nahrung für die Regenwürmer und andere Bodenorganismen sowie Schatten und Schutz für die Bodenaggregate vor Regenschlag und Verdunstung.
2) Bedeckung des Bodens durch einen Pflanzenbestand inkl. Zwischenfrüchten, Beisaaten und Untersaaten. Die Bedeckung spendet Schatten und Schutz für die Bodenaggregate vor Regenschlag. Die Abfälle der Pflanzenbestände bedeuten Nahrung für die Regenwürmer und das gesamte Bodennahrungsnetz.
3) Bodenruhe, d.h. Unterlassen jeglicher Bodenbearbeitung so lange wie möglich. Der Verzicht auf mechanische Eingriffe schont und fördert das Bodenleben in hohem Maß (siehe auch BAEUMER 1978). Der abgesetzte und länger nicht bearbeitete Boden erweist sich nach vielfältigen Beobachtungen sogar auch ohne Pflanzenbewuchs(!) als überraschend stabil gegen Verschlämmung und Erosion, wenn der Kulturzustand des Bodens entsprechend günstig ist.

In vielen pfluglos wirtschaftenden Betrieben in der Praxis kann eine exzellente Bodenstruktur beobachtet werden, welche praktisch frei von Verschlämmung und Bodenerosion ist. Die Bodenruhe begünstigt in hohem Maße die biologische Aktivität, wenn die sonstigen Voraussetzungen dafür gegeben sind, vor allem eine ausreichende Kalkversorgung und reichliches Nahrungsangebot in Form von pflanzlichen Rückständen für die Bodenorganismen. Das Brachliegen von Ackerflächen ohne Bewuchs ist verpönt, da in früheren Zeiten auf solchen Flächen die Gefahr von Bodenerosion am größten war. Dass sich die Situation inzwischen geändert hat, ist wenig bekannt, zumal darüber bisher keine wissenschaftlichen Veröffentlichungen vorliegen. Die Praxis ist auf diesem Gebiet der Wissenschaft voraus. Ein gutes Beispiel dafür ist der Albacher Hof bei Lich in Mittelhessen (s. Abb. 44–46).

Praxisbeispiel: Albacher Hof bei Lich in Hessen

Abb. 44 Lößböden, ca. 30 ha, langjährig pfluglos, Mulchsaat. Bei starker Regenwurmaktivität ausgezeichnete Bodenstruktur und keine Bodenerosion trotz starker Hangneigung (seit 2009 intensiv beobachtet).

Abb. 45. Winterweizen im Februar 2018: trotz schwacher Bedeckung gute Bodenstruktur ohne Sedimentkruste; Erklärung dafür: viele Bioporen, stabile Aggregate, stabile Regenschlagskruste.

Abb. 46. Selbst bei Winterbrache und 21 % Hangneigung zeigt der schluffreiche Lößboden bei hoher Regenwurmaktivität (seit 20 Jahren pfluglos) keinerlei Verschlämmung und Erosionsspuren im zeitigen Frühjahr 2013.

Die Abbildungen 44 bis 46 belegen die ausgezeichnete Bodenstruktur bei einer unspektakulären Fruchtfolge: Winterraps / Winterweizen / Sommergerste / Sommergerste. Auffallend ist die zweimalige Winterbrache vor Sommergerste, die die Autoren des Kapitels seit Februar 2009 sorgfältig beobachten. Seit dieser Zeit konnten weder Erosionsmerkmale noch nennenswerte Verschlämmung festgestellt werden. Bei hohem Ertragsniveau sind die Ernterreste, die vollumfänglich auf der Fläche verbleiben, offenbar ausreichend, um eine hohe biologische Aktivität sicherzustellen, die zu einer tadellosen Bodenstruktur führt.

Praxisbeispiel: Starkregenereignisse in der Gemeinde Biebertal

Abb. 47. Starke Erosionsschäden mit Schlammlawinen, betroffen sind vor allem frisch bestellte Ackerschläge mit Sommergerste und ohne intakte Regenschlagskruste.

Abb. 48. Starke Erosionsschäden auf Schlägen mit frisch bestellter Sommergerste (im Hintergrund) feststellbar, jedoch keine Erosion bei der Schwarzbrache im Vordergrund.

Die große Bedeutung der Bodenruhe für eine hohe Gefügestabilität kann mit einem weiteren praktischen Beispiel demonstriert werden: Am 22.04.2018 ging ein heftiges Gewitter über der mittelhessischen Gemeinde Biebertal nieder. Die Feuerwehr musste mehrere Straßen von Schlammlawinen befreien. Beim näheren Hinsehen hat sich herausgestellt, dass nur Ackerschläge von starker Bodenerosion betroffen waren, auf denen zuvor Sommergerste bestellt wurde (Abb. 47). Die mit Winterung bewachsenen Flächen waren nicht betroffen. Überraschenderweise war auch ein Schlag ohne Bewuchs, d.h. Winterbrache, ebenfalls nicht von Bodenerosion betroffen (Abb. 48).

Der erstaunliche Befund kann nur damit erklärt werden, dass die Bodenstruktur auf allen untersuchten Flächen günstig ausgeprägt war und auf den bewachsenen Flächen wie auch auf dem brachliegenden Schlag eine Regenschlagskruste die Bodenaggregate an der Bodenoberfläche zusammengehalten und vor Verschlämmung bewahrt hat. Besonders auf den Abbildungen 45 und 48 ist gut ersichtlich, dass die Aggregate miteinander verschweißt und dadurch stabilisiert sind. Verschlämmungssediment (Depositionskruste) ist indessen nirgends zu sehen. Ebenso fehlen Spuren von Oberflächenabfluss. Dies deutet darauf hin, dass das Regenwasser versickern konnte und kein Oberflächenabfluss stattfand. Die

Regenschlagskruste muss demnach wasserdurchlässig und stabil genug gewesen sein, um die hohen Niederschlagsmengen aufzunehmen. Auf den mit Sommergerste bestellten Flächen war die Bodenstruktur zwar eigentlich günstig, aber zu locker. Eine Mulchauflage fehlte. Die Saatbettbereitung hat die schützende Regenschlagskruste zertrümmert, und das Gewitter kam zur Unzeit, bevor eine neue Regenschlagskruste durch ein mäßiges Niederschlagereignis entstehen konnte.

Die Saatbettbereitung birgt immer das Risiko in sich, dass ein unerwartetes heftiges Gewitter starke Bodenerosion auslöst. Die Eingriffsintensität sollte daher auch bei der Bestellung reduziert werden. Dies kann etwa durch eine Streifensaat geschehen (siehe S. 111). Grundsätzlich gilt, dass die Eingriffsintensität so groß wie nötig, aber nicht darüber hinaus gesteigert werden sollte. So sollte zwar das Saatbett ausreichend fein, aber nicht feiner als nötig sein. Ein zu fein bearbeitetes Saatbett neigt eher zur Verschlämmung als ein gröberes Saatbett, das aber noch einen ausreichenden Feldaufgang sicherstellt.

Regenschlagkruste

Die Bildung einer Regenschlagskruste wird in der Fachliteratur als die erste Phase der Verschlämmung beschrieben (ROTH 1992 und 1996). Mit andauerndem bzw. neu einsetzendem Niederschlag schreitet der Abrieb und die Zerstörung der Bodenaggregate voran, während die Depositionskruste größer und mächtiger wird. Nach Literaturangaben (ROTH 1996, BERKENHAGEN 1998) ist die Wasserleitfähigkeit und Infiltrabilität der Regenschlagskruste gegenüber dem nicht verschlämmten Boden vermindert. Insofern gilt sie in Fachkreisen als eine eher unerwünschte Erscheinung.

Die Praxisbeispiele deuten darauf hin, dass auf Feldern mit hoher biologischer Aktivität und sehr günstiger Bodenstruktur die Verschlämmung nicht über die Phase der Bildung einer Regenschlagskruste hinaus fortschreitet. Die so entstandene Regenschlagskruste ist unter diesen Umständen offenbar ausreichend wasserdurchlässig und sehr stabil beschaffen. Nur so lässt sich erklären, dass in den beiden Praxisbeispielen weder Verschlämmungssediment (Depositionskruste) noch Erosionserscheinungen auszumachen sind. So liefert die Regenschlagskruste eine zusätzliche Erklärung für die hohe Effizienz der Bodenruhe. Bei guter Bewirtschaftung bildet sich zusätzlich ein durchlässiges, zugleich stabiles Häutchen, welches die Aggregate umhüllt und miteinander verschweißt, sodass der Boden auch bei Starkregenereignissen hochwirksam vor Verschlämmung und Erosion geschützt wird.

In der Praxis konkurrieren tendenziell zwei alternative Strategien um die Erlangung der bestmöglichen Bodenstruktur, die auch bei extremen Witterungsereignissen standhält. Die eine strategische Richtung favorisiert die Bodenruhe, während die zweite dem Zwischenfruchtanbau den Vorrang gibt. Beide Richtungen weisen zahlreiche Varianten auf. Es geht dabei nicht um ein »Entweder-oder«, sondern darum, welcher der genannten Maßnahmen der Vorrang eingeräumt wird. Bei konsequent pflugloser Bewirtschaftung wird auf die maximal mögliche Bodenruhe gesetzt, wobei die Bodenoberfläche mit Mulch bedeckt bleibt. Wenn die Voraussetzungen erfüllt sind und die Erntereste der Hauptfrüchte eine hohe biologische Aktivität im Boden sicherstellen, kann mit dieser Strategie eventuell auch ohne Zwischenfrüchte ein höchstmöglicher Bodenschutz sichergestellt werden. Der kritische Punkt dabei ist der Pflanzenschutz. Insbesondere an das Unkrautmanagement werden bei reduzierter Bodenbearbeitung hohe Ansprüche gestellt. Diese Ansprüche müssen befriedigend gelöst werden, ohne dass ein Eingriff in den Boden erfolgt.

Bei der zweiten Strategie hat die möglichst lückenlose Bedeckung des Bodens mit einem Pflanzenbestand die höchste Priorität. Dabei wird jedoch der häufigere Eingriff in den Boden in Kauf genommen. Die gegenwärtige Agrarpolitik fördert ausschließlich diese Strategie. Eine lückenlose Pflanzenbedeckung ist zweifellos nützlich, aber die zwingende Notwendigkeit dafür lässt sich nicht nachweisen, wie das, nach Meinung der beiden Autoren, viele Gegenbeispiele belegen (siehe Abb. 45 bis 48). Diese Strategie unterschätzt sowohl die höhere Wirksamkeit der Bodenruhe wie auch die praktischen Probleme und die Mehrkosten beim Anbau von Zwischenfrüchten. So ist es oft nicht ohne weiteres möglich – etwa in Trockenphasen auf leichten Standorten – entsprechende Zwischenfruchtbestände erfolgreich zu etablieren. Es sollte auch das Risiko bedacht werden, dass ein unerwartetes Gewitter nach der Bestellung einer Zwischenfrucht zu hohen Erosionsschäden führen kann. Insofern stellt die Aussaat von Zwischenfrüchten ein zusätzliches Risiko für Bodenerosion dar, obwohl die Zwischenfrucht eigentlich helfen soll, Bodenerosion zu vermeiden. Bei sehr günstiger Bodenstruktur erscheint daher der Fortbestand der Bodenruhe geeigneter zu sein, Bodenerosion zu vermeiden, als dies für Zwischenfrüchte angenommen wird.

Nach unseren langjährigen und umfangreichen feldbodenkundlichen Untersuchungen und Beobachtungen können wir feststellen, dass die Strategie mit konsequenter Bodenruhe den Boden viel effizienter vor Verschlämmung, Oberflächenabfluss und Bodenerosion schützt als die Strategie mit Zwischenfrüchten (HARRACH 2021). Die verheerende Wirkung wendender Bodenbearbeitung auf das Bodenleben kann mit Zwischenfrüchten bei weitem nicht kompensiert werden. Indessen kann bei sachgerechter, konsequent pflugloser Bewirtschaftung eine exzellente Bodenstruktur und eine permeable und stabile Regenschlagskruste erzielt werden, die den bestmöglichen Schutz auch bei extremen Witterungsereignissen gewährleisten. Dieser Schutz kann sogar ohne Pflanzenbedeckung Verschlämmung und Erosion verhindern.

Sandiger Boden, nicht wendende Bodenbearbeitung
mit krumentiefer Lockerung,
Medizin. CT

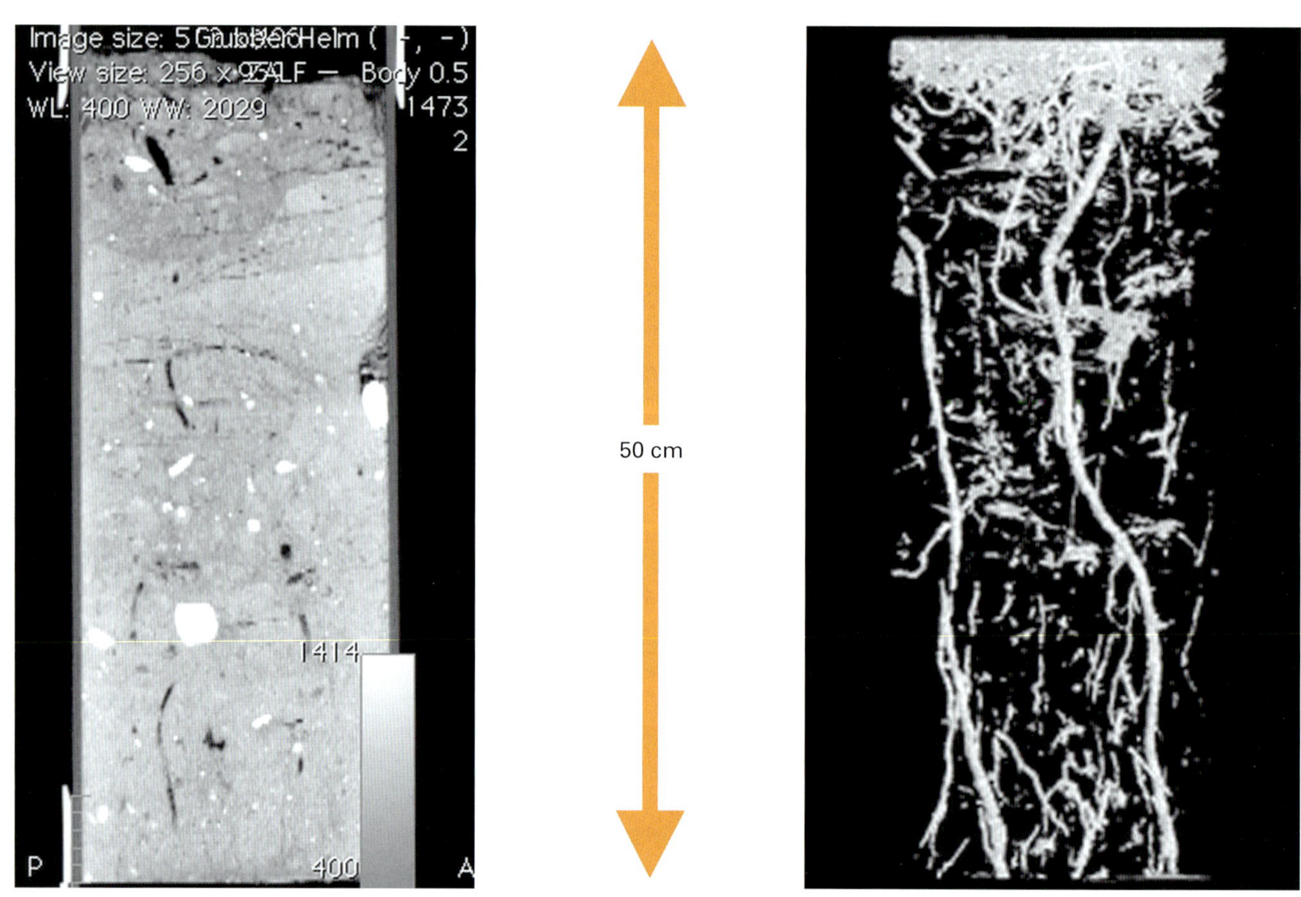

Abb. 49. Bodengefüge (links) und 3D-Visualisation der Makroporen (> 1 mm, rechts) in Bodensäule (Durchmesser 19 cm, Höhe 40 cm), pfluglose Bodenbearbeitung (Grubber); Vertikalschnitt, Medizin. CT, Schichtbild (IZW, Fritsch). Links: luftgefüllte Makroporen: schwarz, Bodenmatrix: grau, Steine: weiß. Projekt INKA BB (Schurig et al. 2015).

Standort, Methode

Praxisbetrieb Helm GBR, Bückwitz, lehmiger Sand, reduzierte Bodenbearbeitung 2014, 0–40 cm, d = 19 cm; Probe aus INKA BB; in Schurig et al. (2015)

Medizin. CT (IZW, Fritsch)

Analyse

Oberkrume aufgelockert durch Bearbeitung, Unterkrume und Unterboden kompakt, aber kontinuierliche Bioporen/Regenwurmgänge, kontinuierliche Gänge von *Lumbricus terrestris* durch die gesamte Säule.

La 4 fast geschlossen, Mb 2 hoch

Bewertung

Bodenfunktionen (Infiltration, Bahnen für das Wurzelwachstum) gewährleistet, stabiles Gefüge; Bodenfunktionen (Habitat für Bodenorganismen, Infiltration, Bahnen für das Wurzelwachstum) voll gewährleistet.

Ursache / Bewirtschaftung:

Pfluglose Bodenbearbeitung, Lockerung mit Grubber ausreichend zur Gewährleistung der Regenwurm-Aktivitäten und Gefügebildung.

Handlungsempfehlung

Optimales Gefüge, evtl. weitere Reduzierung der Bodenbearbeitung durch Streifensaat, Aufweitung der Fruchtfolge.

Sandiger Boden, Direktsaat,
Medizin. CT

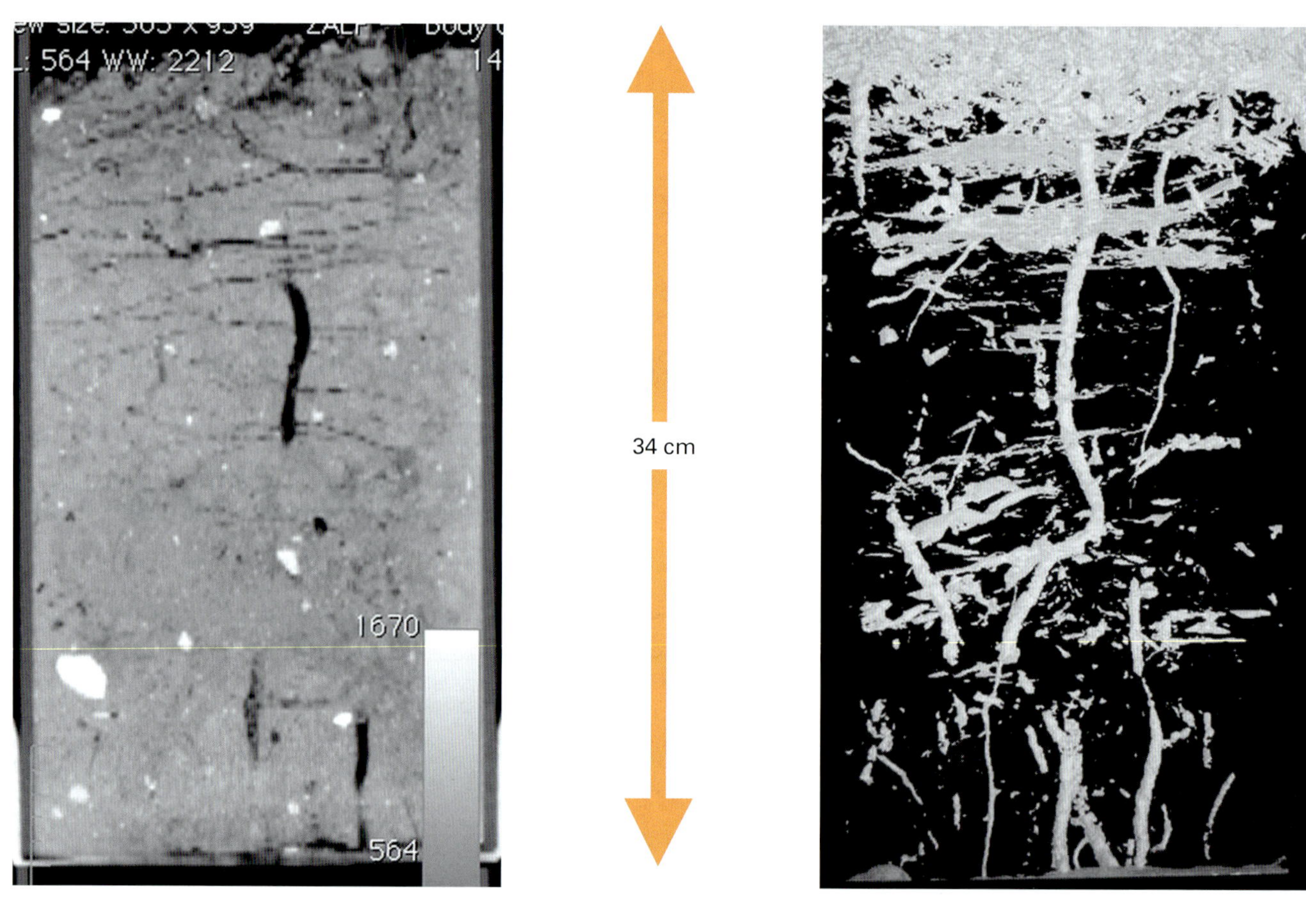

Abb. 50. Bodengefüge (links) und 3D-Visualisation der Makroporen (> 1 mm, rechts) in einer Bodensäule (Durchmesse 19 cm, Höhe 30 cm), Direktsaat; Vertikalschnitt; Medizin. CT, Schichtbild (IZW, Fritsch). Wegen starker Verdichtung keine vollständige Probenahme möglich (50 cm Höhe). Projekt INKA BB (SCHURIG et al. 2015).

Standort, Methode

Praxisbetrieb Helm GBR, Bückwitz, lehmiger Sand, Direktsaat, 2014, 0–30 cm Bodentiefe, d = 19 cm Probe aus INKA BB; in SCHURIG et al. (2015)

Medizin. CT (IZW, Fritsch)

Analyse

Starke Verdichtungen (Querrisse = Zugrisse bei mechanischer Druckbelastung); Gang von *Lumbricus terrestris* knickt ab, vermutlich wegen Verdichtungszone in der Unterkrume; weitere Bioporen nicht kontinuierlich.

La 4 fast geschlossen, Mb 4 (gering)

Bewertung

Nicht optimaler Zustand des Bodengefüges, Bodenfunktionen (Infiltration, Bahnen für das Wurzelwachstum) nicht gewährleistet.

Ursache / Bewirtschaftung

Achtfeldrige Fruchtfolge mit Untersaat und Zwischenfrüchten. Problem: Trotz für den Standort relativ hoher Anzahl an Regenwürmer ist die Population nicht groß genug, um (Selbst-) Verdichtung adäquat aufzubrechen. Verzicht auf jegliche Bodenbearbeitung und Lockerung (Direktsaat) auf diesem Sand-Standort nicht optimal.

Handlungsempfehlung

Behutsame nicht-wendende Lockerung, Zwischenfruchtanbau, Umstellung auf Streifensaat.

Sandiger Boden, Nicht wendende Bodenbearbeitung mit Lockerung, Mikro-CT

Abb. 51. Langjährig nicht wendende Bodenbearbeitung mit krumentiefer Lockerung, Winterroggen, Vertikalschnitt durch Bodenprobe 0–12 cm, quantitativ (fast vollständig) von Bodenorganismen durchgearbeitet; Parzelle 6929 im Praxisversuch Lietzen (Tongehalt 8.5 %, C_{org}-Gehalt 1.2 %, siehe auch Abb. 21, S. 42); Mikro-CT (BAM, Illerhaus).

Standort, Methode

Praxisversuch Lietzen, schluffiger Sand, 0–12 cm Bodentiefe (Parzelle 6929, Probe 2), August 2016

Mikro-CT (BAM, Illerhaus)

Analyse

Zahlreiche, zum Großteil gerundete, d.h. biogene Aggregate, z.T. Wurmlosungsgefüge, Gefüge heterogen, zahlreiche Makroporen und Bioporen (Regenwurmgänge), quantitativ biogen durchgearbeitet; gut strukturiertes Gefüge mit zahlreichen Bioporen.

La 2 offen, Mb 1 sehr hoch

Bewertung

Hohe bodenbiologische Aktivität, mit positivem Einfluss auf Nährstoffverfügbarkeit, Wasserhaltekapazität, Kohlenstoff-Speicherung, Gefüge quantitativ von Bodenorganismen durchgearbeitet.

Ursache / Bewirtschaftung

Reduzierte Bodenbearbeitung (Exaktgrubber), getreidedominierte Fruchtfolge, hoher Regenwurmbesatz (August 2016: 276 Regenwürmer/m^2).

Handlungsempfehlung

Optimales Bodengefüge; Fruchtfolge mit Zwischenfrüchten und Leguminosen aufweiten, evtl. weitere Reduzierung durch Streifensaat.

Sandiger Boden, Wendende Bodenbearbeitung, Mikro-CT

Abb. 52. Teils strukturiertes, teils verdichtetes Gefüge mit einigen wenigen Regenwurmgängen, Wendende Bodenbearbeitung, Winterroggen, Vertikalschnitt durch Bodenprobe 0–12 cm, Parzelle 6919 im Praxisversuch Lietzen (Tongehalt 6 %, C_{org}-Gehalt 0.8 %), Mikro-CT (BAM, Illerhaus).

Standort, Methode

Praxisversuch Lietzen, schluffiger Sand, 0–12 cm Bodentiefe (Parzelle 6919, Probe 4), August 2016

Mikro-CT (BAM, Illerhaus)

Analyse

Einige Regenwurmgänge, wenige Aggregate, größere verdichtete Bereiche, Querrisse.

La 3 halboffen (oben), La 4 fast geschlossen (unten), Mb 3–4 (gering-mittel)

Bewertung

Nicht optimaler Zustand des Bodengefüges, Gefüge wenig heterogen, geringe bis mittlere bodenbiologische Aktivität, Gefüge teilweise zu kompakt.

Ursache / Bewirtschaftung

Konventionelle Bodenbearbeitung (Pflug), getreide-dominierte Fruchtfolge, geringer Regenwurmbesatz (August 2016: 8 Regenwürmer/m^2).

Handlungsempfehlung

Bodenbearbeitung reduzieren, Fruchtfolge aufweiten (Leguminosen), evtl. stärker organisch düngen.

Sandiger Boden, Nicht wendende Bodenbearbeitung mit Lockerung, Mikro-CT

Abb. 53. Bodengefüge bei langjährig nicht wendender Bodenbearbeitung im Praxisversuch Lietzen, Winterroggen, Vertikalschnitt durch Bodenprobe 0–3 cm, Mikro-CT, (BAM, Illerhaus, in GRASSMEL 2017).

Standort, Methode

Praxisversuch Lietzen, schluffiger Sand, 0–3 cm Bodentiefe, August 2016; in GRASSMEL (2017)

Mikro-CT (BAM, Illerhaus)

Analyse

Heterogenes Gefüge, zahlreiche gerundete Aggregate (Wurmlosung), Makroporen vorhanden, wenig organisches Material.

La 2 offen, Mb 2 (hoch)

Bewertung

Hohe bodenbiologische Aktivität (Regenwürmer), mit positivem Einfluss auf Nährstoffverfügbarkeit, Wasserhaltekapazität, Kohlenstoff-Speicherung.

Ursache / Bewirtschaftung

Reduzierte Bodenbearbeitung (Exaktgrubber), getreidedominierte Fruchtfolge.

Handlungsempfehlung

Gutes Gefüge; Fruchtfolge mit Leguminosen aufweiten, evtl. Bodenbearbeitung weiter reduzieren (Streifensaat).

Sandiger Boden, Wendende Bodenbearbeitung,
Mikro-CT

Abb. 54. Kompaktes Mikrogefüge bei wendender Bodenbearbeitung im Praxisversuch Lietzen, Winterroggen; Vertikalschnitt durch Bodenprobe 0–3 cm, Mikro-CT (BAM, Illerhaus, in GRASSMEL 2017).

Standort, Methode

Praxisversuch Lietzen, schluffiger Sand, 0–3 cm Bodentiefe (Parzelle), August 2016; in GRASSMEL (2017)

Mikro-CT (BAM, Ilerhaus)

Analyse

Verdichtetes kompaktes, plattiges Gefüge, keine Regenwurmspuren (keine Aggregate oder Makroporen); Querrisse, die auf Verdichtung hindeuten.

La 4 fast geschlossen, Mb 5 sehr gering bis Null

Bewertung

Nicht optimaler Zustand des Bodengefüges, geringe bodenbiologische Aktivität, Gefüge zu kompakt, Funktionen nicht gewährleistet.

Ursache / Bewirtschaftung

Wendende (konventionelle) Bodenbearbeitung mit dem Pflug, getreide-dominierte Fruchtfolge.

Handlungsempfehlung

Bodenbearbeitung reduzieren, Fruchtfolge aufweiten (Leguminosen), stärker organisch düngen.

Rapswurzeln bei unterschiedlicher Bodenbearbeitung in sandigen Böden: Nicht wendende Bodenbearbeitung mit Lockerung, Streifensaat, Mikro-CT

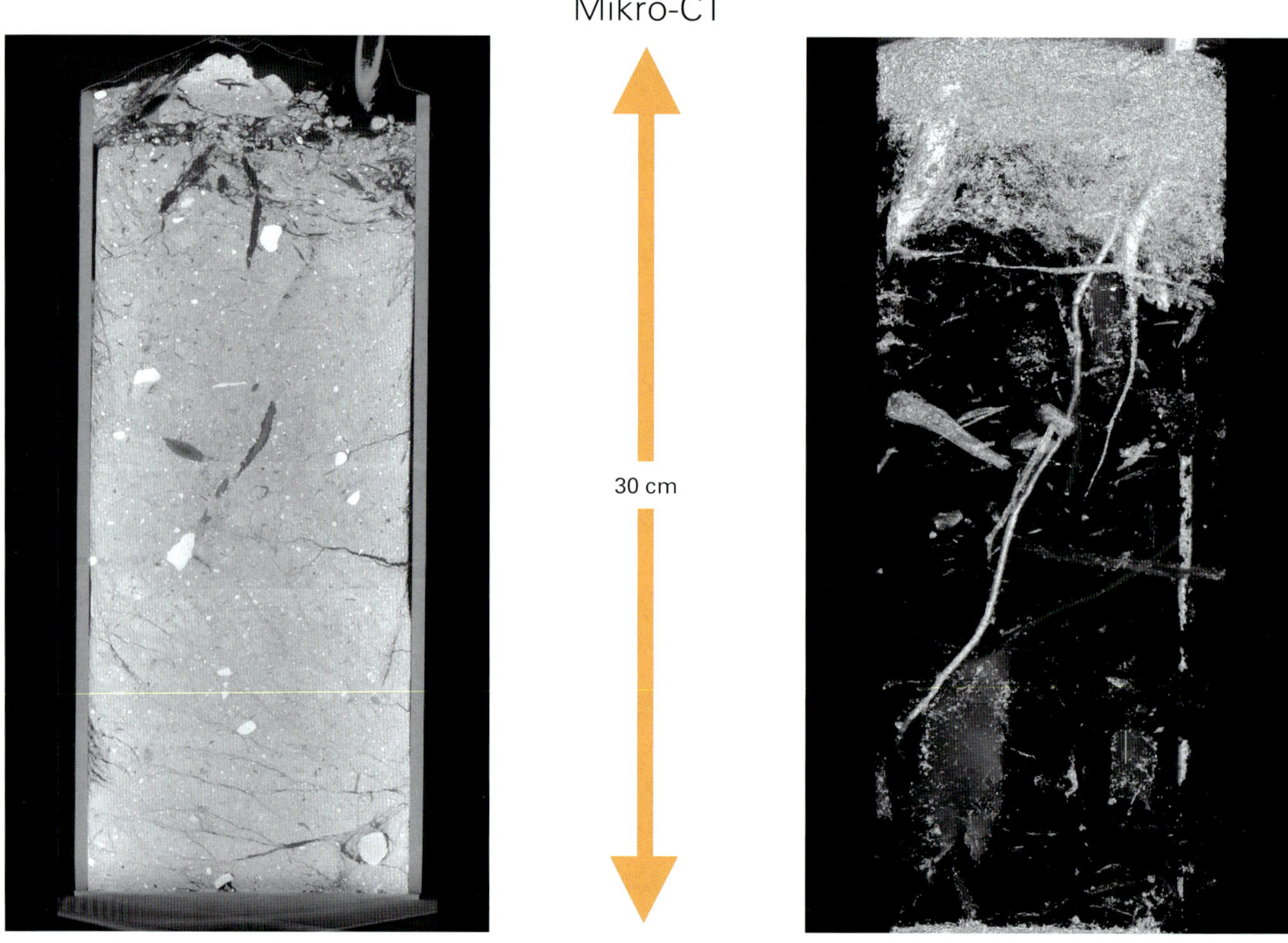

Abb. 55. Bodengefüge (links) und 3D-Visualisation der Rapswurzel (rechts) bei Streifensaat (KUHN Striger) unter Raps, Praxisversuch Lietzen, Juni 2014, Bodensäule 0–30 cm, Vertikalschnitt, Mikro-CT (BAM, Illerhaus, in ILLERHAUS et al. 2019)), Ortsauflösung 70 µm.

Standort, Methode

Praxisversuch Lietzen, schluffiger Sand, 0–30 cm Bodentiefe, Juni 2014; in ILLERHAUS et al. (2019)

Mikro-CT (BAM, Illerhaus)

Analyse

Starke Verdichtung im unteren Bereich der Bodensäule, trotz Bearbeitung in Streifen. Die typische Rapswurzel war wohl lagebedingt nicht zu erkennen.

La 4–5 fast geschlossen bis geschlossen, Mb 5 sehr gering bis Null

Bewertung

Trotz des unterschiedlichen Wurzelbildes waren die Erträge nach Pflügen, Grubbern und Streifensaat (Strip Till) im Untersuchungsjahr 2014 gleich (WALLA 2015).

Aber: Biodiversität (Verunkrautung) bei Streifensaat erhöht; Saatgutmenge bei Streifensaat deutlich geringer.

Ursache / Bewirtschaftung

Nicht wendende Bodenbearbeitung mit partieller Saatbettbereitung (z. B. KUHN Striger, einem Streifensaatgerät).

Handlungsempfehlung

Gutes Gefüge, evtl. Fruchtfolge mit Leguminosen aufweiten. Ökonomische und ökologische Vorteile der Streifensaat deutlich.

Rapswurzeln bei unterschiedlicher Bodenbearbeitung in sandigen Böden:
Nicht wendende Bodenbearbeitung mit Lockerung,
Mikro-CT

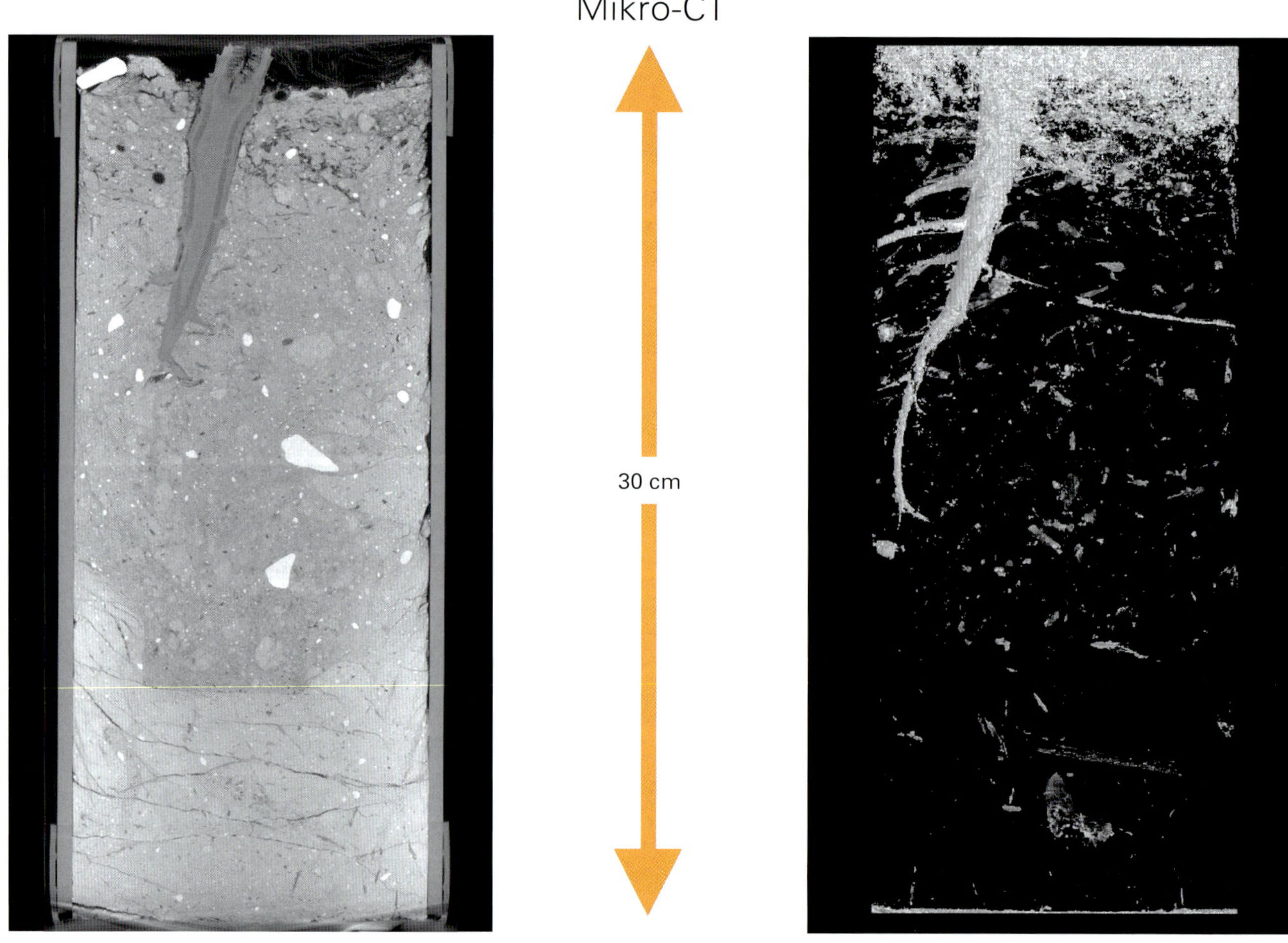

Abb. 56. Bodengefüge (links) und 3D-Visualisation der Rapswurzel (rechts) bei nicht wendender Bodenbearbeitung unter Raps (Köckerling Flügelschargrubber), Praxisversuch Lietzen, Juni 2014, Bodensäule 0–30 cm, Vertikalschnitt, Mikro-CT (BAM, Illerhaus, in ILLERHAUS et al. 2019), Ortsauflösung 70 µm..

Standort, Methode

Praxisversuch Lietzen, schluffiger Sand, 0–30 cm Bodentiefe, Juni 2014; in ILLERHAUS et al. (2019)

Mikro-CT (BAM, Illerhaus)

Analyse

Auflockerung des Bodengefüges bis in eine Bodentiefe von ca. 20 cm. 12 cm Schnittbreite des Zinken des Grubber deutlich zu sehen.

La 4–5 fast geschlossen bis geschlossen, Mb 5 sehr gering bis Null

Bewertung

Eine Störung im Wurzelverlauf war evtl. durch Verdichtung verursacht, obwohl weniger verdichtete Aggregate als in der Pflugvariante vorhanden sind.

Ursache / Bewirtschaftung

Nicht wendende Bodenbearbeitung mit krumentiefer Lockerung; Wirkung der bearbeitungsbedingten Verdichtungszonen auf das Wurzelwachstum unklar, weitere systemtische Untersuchungen sind wünschenswert.

Handlungsempfehlung

Gutes Gefüge; evtl. Fruchtfolge mit Leguminosen aufweiten.

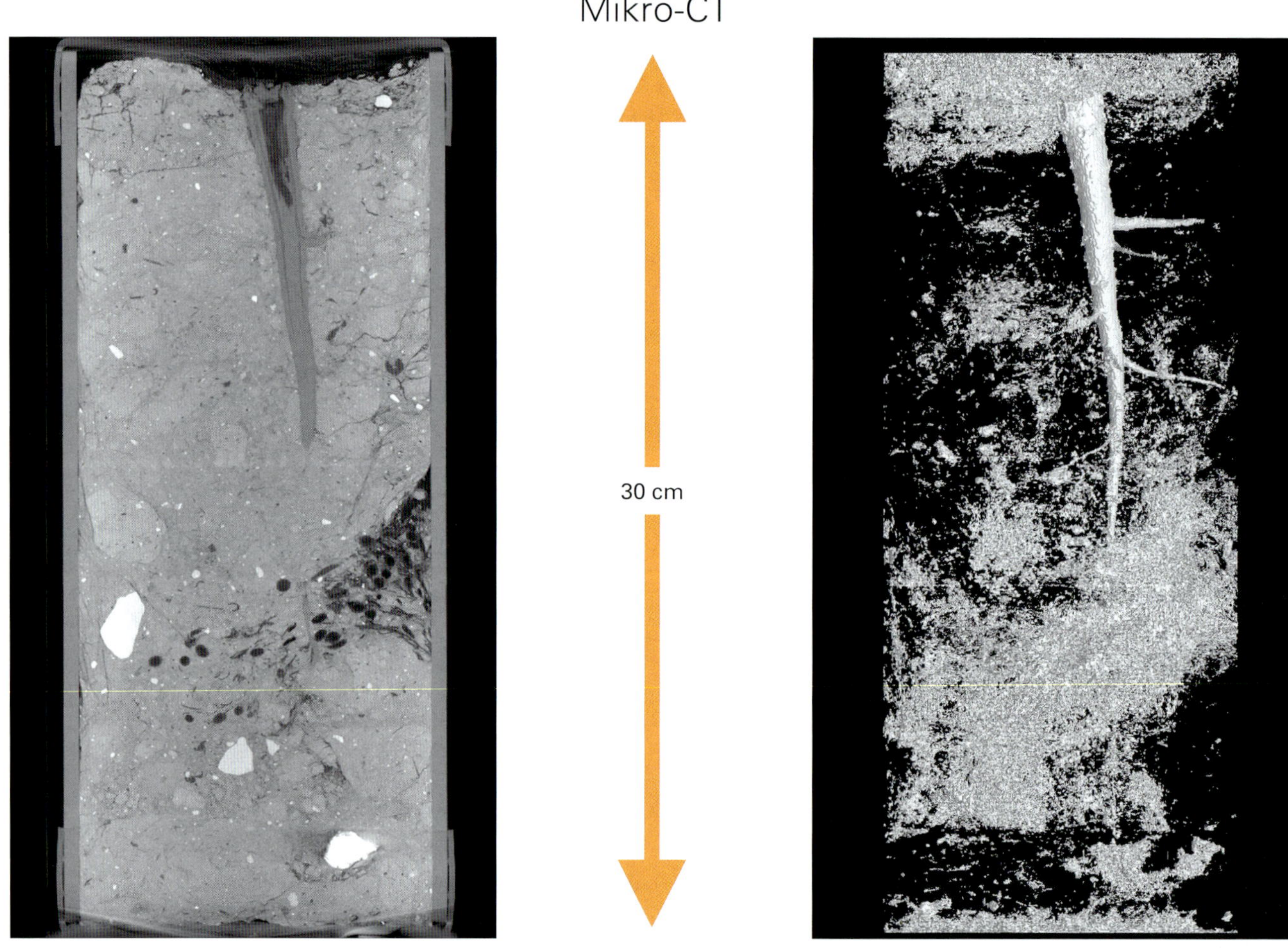

Abb. 57. Bodengefüge (links) und 3D-Visualisation der Rapswurzel (rechts) bei konventioneller Bodenbearbeitung, Praxisversuch Lietzen, Juni 2014, Bodensäule 0–30 cm, Mikro-CT (BAM, Illerhaus, in ILLERHAUS *et al. 2019), Ortsauflösung 70 µm.*

Standort, Methode

Praxisversuch Lietzen, schluffiger Sand, 0–30 cm Bodentiefe, Juni 2014; in ILLERHAUS et al. (2019)

Mikro-CT (BAM, Illerhaus)

Analyse

Homogenisierung des Oberbodens bis in ca. 25 cm Bodentiefe mit einzelnen dicht gelagerten Aggregaten; Strohmatte erkennebar.

La 4–5 fast geschlossen bis geschlossen, Mb 5 sehr gering bis Null

Bewertung

Strohverteilung für den Abbau des organischen Materials nicht optimal.

Aber: störungsfreies Wachstum der Rapswurzel.

Ursache / Bewirtschaftung

Wendende Bodenbearbeitung günstig für Rapswurzel; aber durch das Pflügen keine Auflösung der verdichteten Aggregate.

Handlungsempfehlung

Reduzierung der Bodenbearbeitung bis hin zu Streifensaat zur Förderung der Biodiversität.

Toniger Boden, nicht wendende Bodenbearbeitung, Direktsaat, Medizin. CT

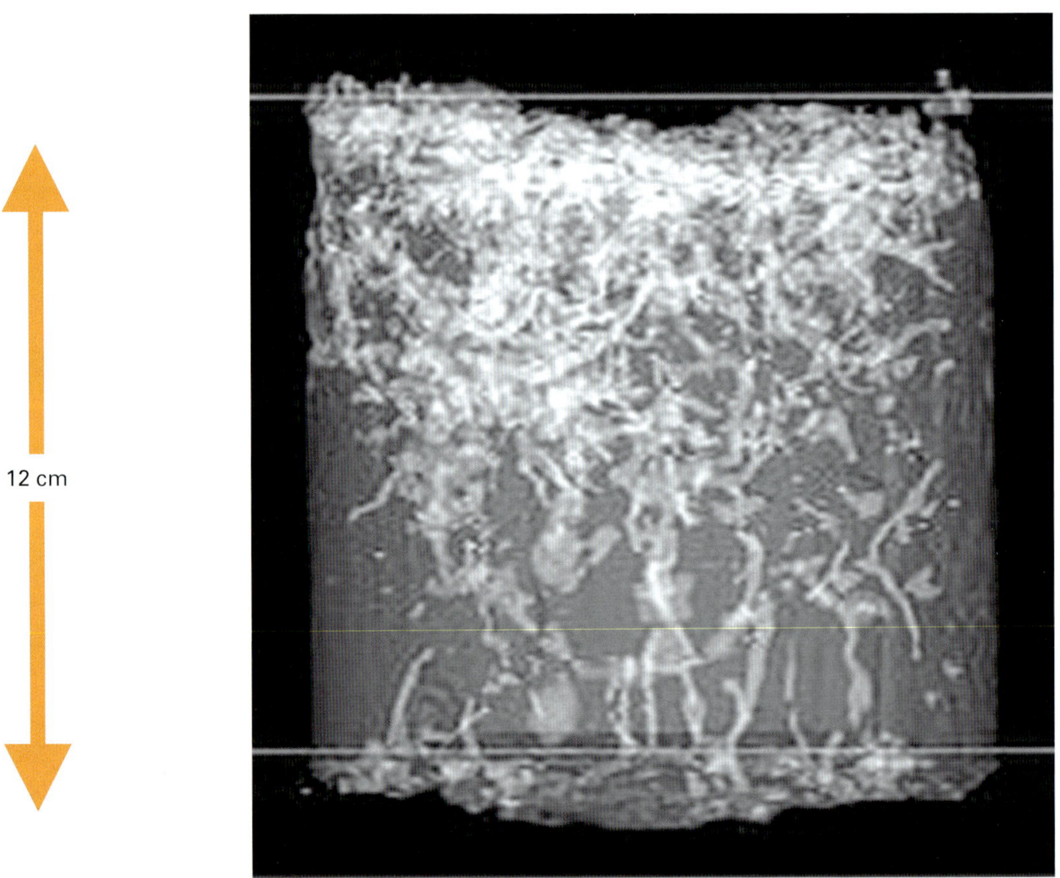

Abb. 58. 3D-Visualisation der Makroporen in Tonboden unter Winterraps in Weiter Reihe; Direktsaat, Scheppau (Niedersachsen), November 2016, Bodensäule 0–12 cm, Medizin. CT (IZW, Fritsch, in J*OSCHKO et al. 2019).*

Standort, Methode

Praxisbetrieb Fromme, Scheppau, lehmiger Ton, AZ 50–55, 0–12 cm Bodentiefe

Medizin. CT (IZW, Fritsch)

Das Bild wurde im Rahmen der Tätigkeit der folgenden Gruppe aufgenommen: Operationelle Gruppe (EIP Agri Niedersachsen): Projekt: Anbau von Raps mit Begleitpflanzen im Anbausystem Einzelkornsaat und Weiter Reihe. Koordinator: Dr. Jana Epperlein (GKB e.V.).

Analyse

Netz von Bioporen (Regenwurmgängen).

La 2 offen (oben), La 3 halboffen (unten), Mb 1 hoch; La 4–5 fast geschlossen bis geschlossen, Mb 5 sehr gering bis Null

Bewertung

Bodenfunktionen (Habitat für das Bodenleben, Infiltration, Bahnen für das Wurzelwachstum) voll gewährleistet.

Ursache / Bewirtschaftung

Direktsaat in tonigen Substraten möglich, hier ohne Breitbandherbizid ausreichende Aktivierung des Bodenlebens durch die Fruchtfolge.

Handlungsempfehlung

Keine weitere Empfehlung, optimales Gefüge.

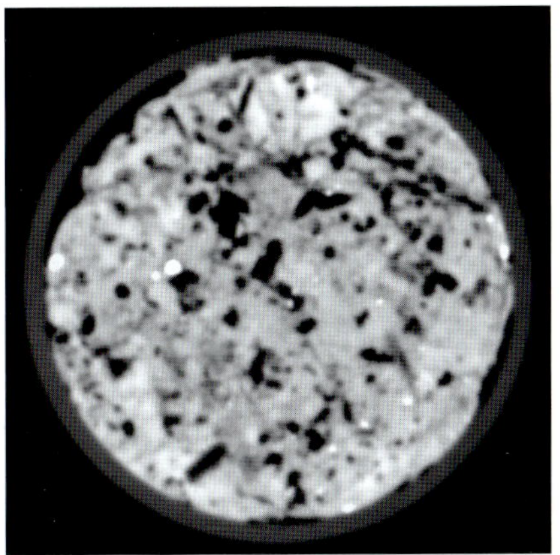

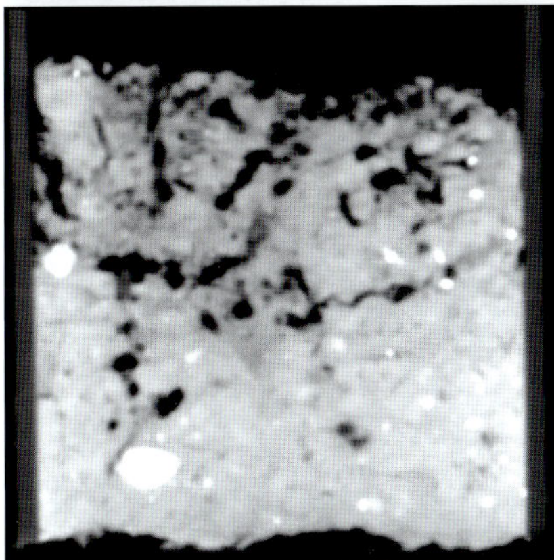

Abb. 59. Schichtbilder Medizin. CT (IZW, Fritsch), Horizontal- (oben) und Vertikalschnitt (unten) der Bodenprobe in Abbildung 58.

Toniger Boden, nicht wendende Bodenbearbeitung, Direktsaat, Vorgewende
Medizin. CT

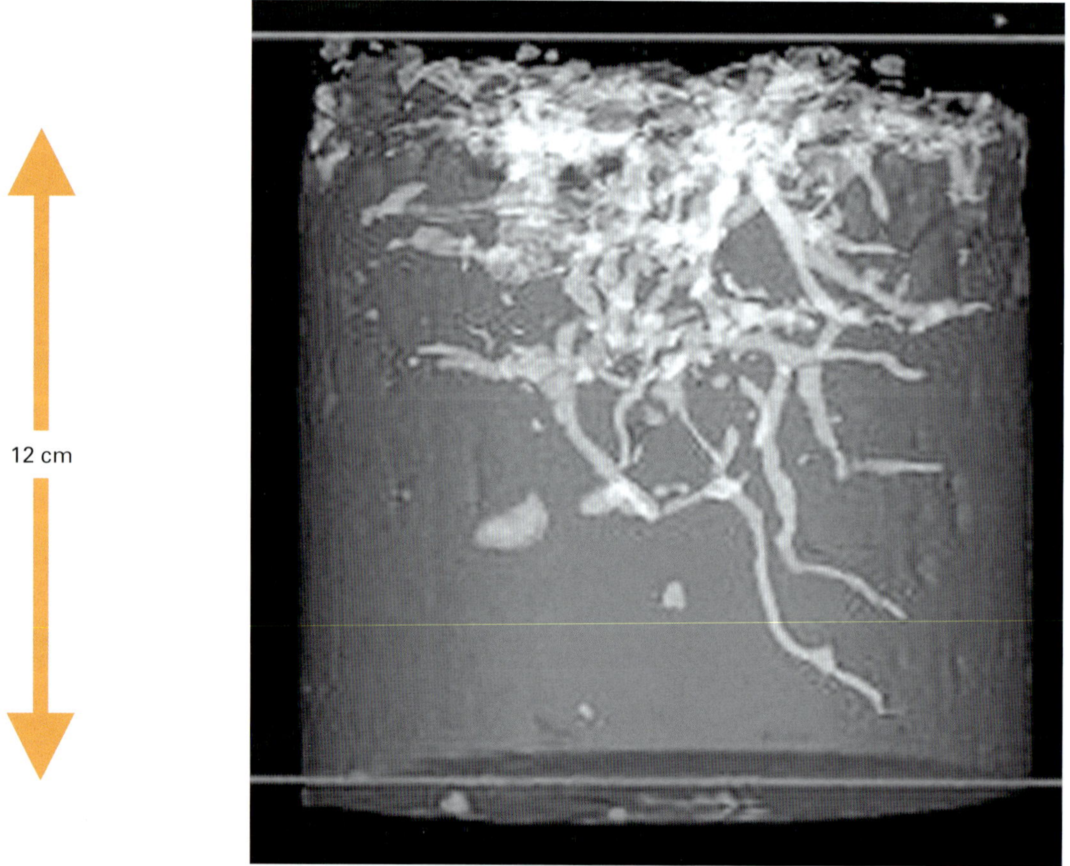

Abb. 60. 3D-Visualisation der Makroporen in Tonboden aus dem Raps-Vorgewende , Direktsaat, Scheppau (Niedersachsen, November 2016, Bodensäule 0–12 cm, Medizin. CT (IZW, Fritsch, in JOSCHKO *et al. 2019).*

Standort, Methode

Praxisbetrieb Fromme, Scheppau, lehmiger Ton, AZ 50–55, 0–12 cm Bodentiefe, Raps Vorgewende

Medizin. CT (IZW, Fritsch)

Das Bild wurde im Rahmen der Tätigkeit der folgenden Gruppe aufgenommen: Operationelle Gruppe (EIP Agri Niedersachsen): Projekt: Anbau von Raps mit Begleitpflanzen im Anbausystem Einzelkornsaat und Weiter Reihe. Koordinator: Dr. Jana Epperlein (GKB e. V.).

Analyse

Gerüst von Bioporen in Teilen des Oberbodens, verdichtetes Gefüge im Vergleich zu Abbildung 58.

Mb 3 mittel

Bewertung

Bodenfunktionen (Habitat für Bodenleben, Infiltration, Bahnen fürs Wurzelwachstum) nur teilweise gewährleistet.

Ursache / Bewirtschaftung

Befahrung/Belastung im Vorgewende.

Handlungsempfehlung

Beendigung der Belastung, Zwischenfrucht zur Stabilisierung des Bodengefüges; organische Düngung zur weiteren Aktivierung des Bodenlebens.

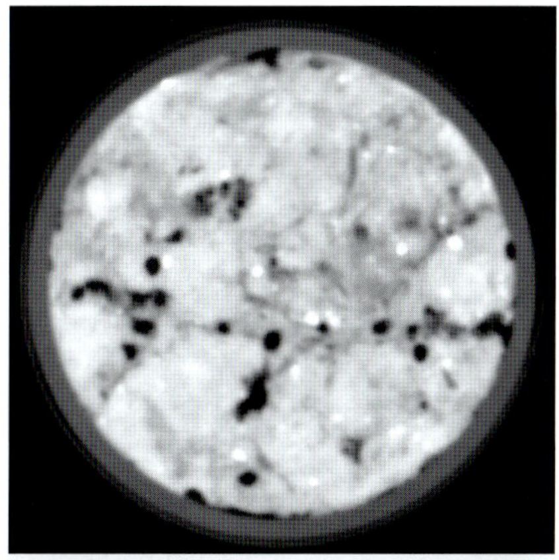

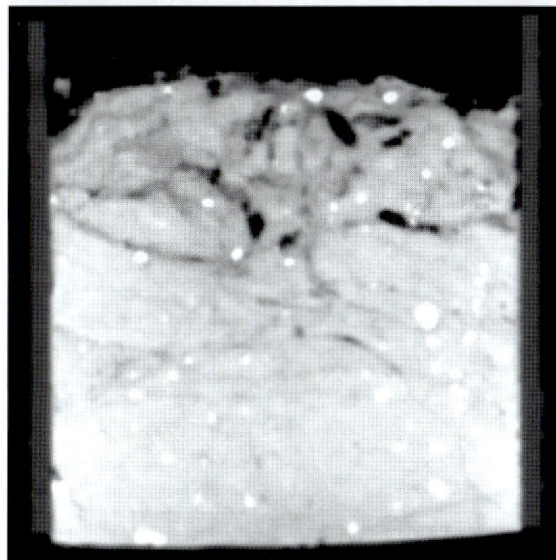

Abb. 61. Schichtbilder Medizin. CT (IZW, Fritsch), Horizontal- (oben) und Vertikalschnitt (unten) der Bodenprobe in Abbildung 60.

Toniger Boden, nicht wendende Bodenbearbeitung, Direktsaat, Mikro-CT

Abb. 62. Tonboden unter Winterraps, Direktsaat, Scheppau (Niedersachsen), November 2016, Vertikalschnitt aus Bodenprobe 0–3 cm, Mikro-CT (BAM, Illerhaus, in JOSCHKO et al. 2019).

Standort, Methode

Praxisbetrieb Fromme, Scheppau, lehmiger Ton, AZ 50–55, 7–10 cm Bodentiefe, Raps Vorgewende

Mikro-CT (BAM, Illerhaus)

Das Bild wurde im Rahmen der Tätigkeit der folgenden Gruppe aufgenommen: Operationelle Gruppe (EIP Agri Niedersachsen): Projekt: Anbau von Raps mit Begleitpflanzen im Anbausystem Einzelkornsaat und Weiter Reihe. Koordinator: Dr. Jana Epperlein (GKB e. V.).

Analyse

Kohärentgefüge, porös, zahlreiche Bioporen, Wurzelkanäle, keine Aggregate (Ton).

Mb 2 hoch

Bewertung

Gutes Bodenleben (Regenwürmer), funktionsfähiges Bodengefüge.

Ursache / Bewirtschaftung

Direktsaat (ohne Breitbandherbizid)

Handlungsempfehlung

Gutes Bodengefüge, keine weitere Empfehlungen.

Toniger Boden, nicht wendende Bodenbearbeitung,
Direktsaat, Vorgewende,
Mikro-CT

Abb. 63. Verdichteter Tonboden aus dem Raps-Vorgewende, Direktsaat, Scheppau, (Niedersachsen) November 2016, Vertikalschnitt aus Bodenprobe 0–3 cm, Mikro-CT (BAM, Illerhaus, in JOSCHKO *et al. 2019).*

Standort, Methode

Praxisbetrieb Fromme, Scheppau, lehmiger Ton, AZ 50–55, 7–10 cm Bodentiefe, Raps Vorgewende

Mikro-CT (BAM, Illerhaus)

Das Bild wurde im Rahmen der Tätigkeit der folgenden Gruppe aufgenommen: Operationelle Gruppe (EIP Agri Niedersachsen): Projekt: Anbau von Raps mit Begleitpflanzen im Anbausystem Einzelkornsaat und Weiter Reihe. Koordinator: Dr. Jana Epperlein (GKB e. V.).

Analyse

Kohärentgefüge, kompakt, verdichtet, schräg bis horizontal verlaufende Risse sind Zugrisse; wenige Bioporen, keine Aggregate (Ton).

Mb 5 sehr gering bis Null

Bewertung

Geringe bodenbiologische Aktivität, Gefüge zu kompakt, Funktionen nicht gewährleistet.

Ursache / Bewirtschaftung

Verdichtung/Belastung im Vorgewende

Handlungsempfehlung

Aufbrechen der Verdichtung, organische Düngung zur Aktivierung des Bodenlebens.

Toniger Boden, nicht wendende Bodenbearbeitung,
mit flacher Lockerung,
Mikro-CT

Abb. 64. Gefügezustand eines Tonbodens unter Winterweizen (Ertrag ca. 110 dt/ha) nach langjährig nicht wendender Bodenbearbeitung im Oderbruch, Gorgast (MOL), Nov. 2016, Vertikalschnitt aus Bodenprobe 7–10 cm, Mikro-CT (BAM, Illerhaus).

Standort, Methode

Praxisbetrieb Katzwinkel, Gorgast, Ton, 7–10 cm Bodentiefe

Mikro-CT (BAM, Illerhaus)

Analyse

Kohärentgefüge unter Bearbeitungseinfluss, organisches Material (Strohreste), Reste von Grobporen der Bearbeitung.

Mb 3 mittel

Bewertung

Bodenfunktionen (Habitat für das Bodenleben, Infiltration, Bahnen für das Wurzelwachstum) voll gewährleistet.

Ursache / Bewirtschaftung

Pfluglose Bodenbearbeitung, flache Lockerung (Kurzscheibenegge). Acker: kein Unterschied zu Vorgewende (vergleiche Abb. 65).

Handlungsempfehlung

Optimales Gefüge, evtl. weitere Reduzierung der Bodenbearbeitung (Streifensaat).

Toniger Boden, nicht wendende Bodenbearbeitung
mit flacher Lockerung, Vorgewende,
Mikro-CT

Abb. 65. Gefügezustand im Vorgewende eines Tonbodens unter Winterweizen (Ertrag ca. 110 dt/ha) nach langjährig nicht wendender Bodenbearbeitung mit flacher Lockerung, Oderbruch, Nov. 2016, Vertikalschnitt aus Bodenprobe 7–10 cm, Mikro-CT (BAM, Illerhaus).

Standort, Methode

Praxisbetrieb Katzwinkel, Gorgast, Ton, 7–10 cm Bodentiefe

Mikro-CT (BAM, Illerhaus)

Analyse

Kohärentgefüge unter Bearbeitungseinfluss, organisches Material (Strohreste), Reste von Grobporen der Bearbeitung.

Mb 4–5 (gering-sehr gering)

Bewertung

Bodenfunktionen (Habitat für das Bodenleben, Infiltration, Bahnen für das Wurzelwachstum) voll gewährleistet, stabiles Gefüge.

Ursache / Bewirtschaftung

Nicht wendende Bodenbearbeitung (Kurzscheibenegge), Vorgewende: kaum Unterschied zu unverdichtetem Acker (vergleiche Abb. 64).

Handlungsempfehlung

Keine weitere Empfehlung, optimales Gefüge.

Abb. 66. 3D-Visualisierung der Makroporen nach langjährig nicht wendender Bodenbearbeitung mit flacher Lockerung, Tonboden (Ertrag ca 110 dt) im Oderbruch, Gorgast (MOL, Brandenburg), November 2016, Bodenprobe 0–12 cm, Medizin. CT (IZW, Fritsch); unter ca. 7 cm im unbearbeiteten Boden stabiles Gefüge mit Grobporen.

Standort, Methode

Praxisbetrieb Katzwinkel, Gorgast, Ton, 0–12 cm Bodentiefe

Medizin. CT (IZW, Fritsch)

Analyse

Netz von Bioporen (Regenwurmgängen), organisches Material (Strohreste) bis Bearbeitungstiefe.

Mb 1 (sehr hoch)

Bewertung

Bodenfunktionen (Habitat für das Bodenleben, Infiltration, Bahnen für das Wurzelwachstum) voll gewährleistet.

Ursache / Bewirtschaftung

Pfluglose Bodenbearbeitung, flache Lockerung (Kurzscheibenegge); Acker: unterhalb 7 cm mehr Poren als im Vorgewende (vergleiche Abb. 68).

Handlungsempfehlung

Keine weitere Empfehlung, optimales Gefüge.

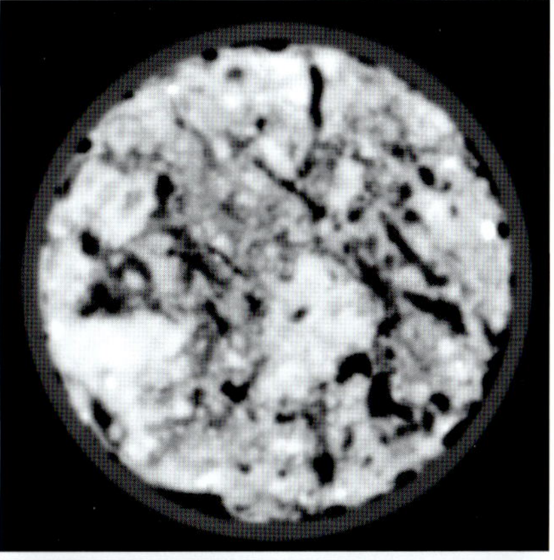

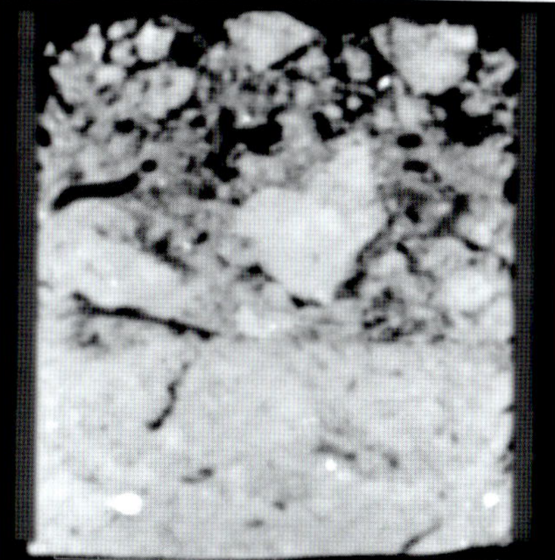

Abb. 67. Schichtbilder Medizin. CT (IZW, Fritsch), Horizontal- (oben) und Vertikalschnitt (unten) der Bodenprobe in Abbildung 66.

Toniger Boden, nicht wendende Bodenbearbeitung
mit flacher Lockerung, Vorgewende,
Medizin. CT

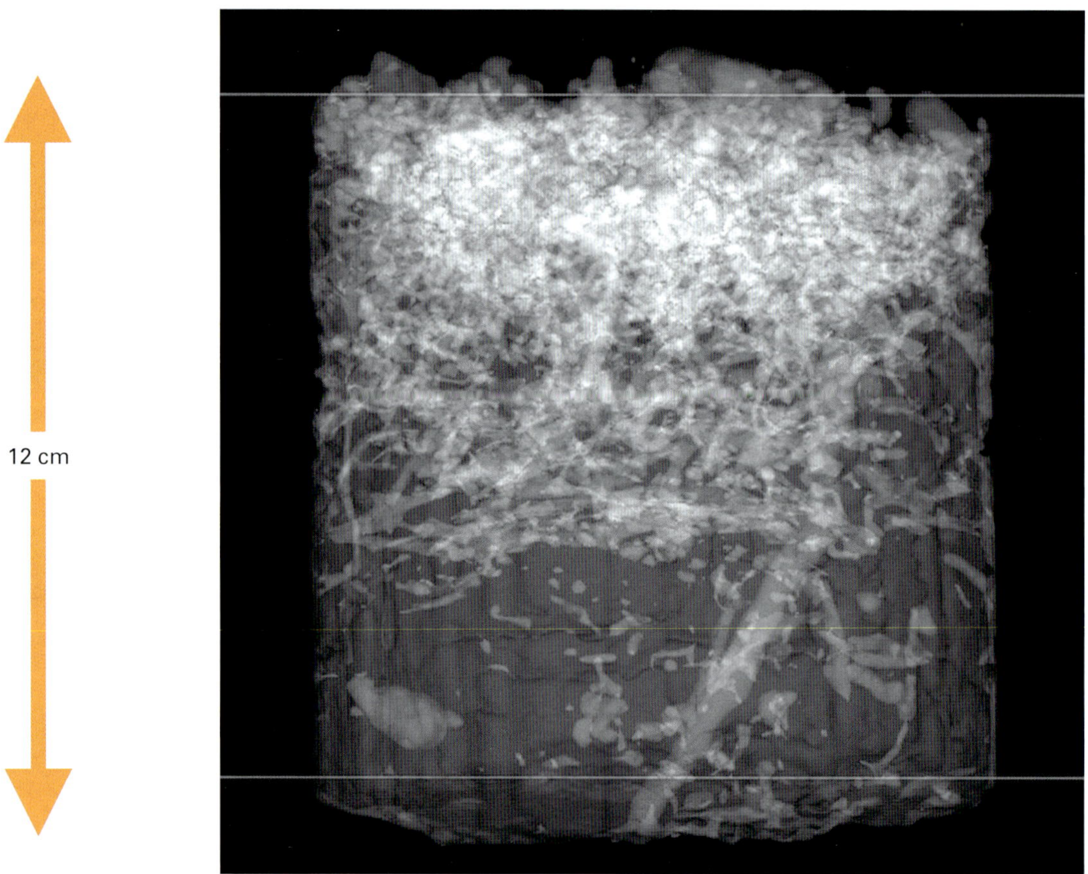

Abb. 68. 3D-Visualisation der Makroporen im Vorgewende eines Tonbodens nach langjährig nicht wendender Bodenbearbeitung mit flacher Lockerung (Ertrag ca. 110 dt/ha) im Oderbruch Gorgast (MOL, Brandenburg), November 2016, Bodenprobe 0–12 cm, Medizin. CT (IZW, Fritsch).

Standort, Methode

Praxisbetrieb Katzwinkel, Gorgast, Ton, 0–12 cm Bodentiefe

Medizin. CT (IZW, Fritsch)

Analyse

Netz von Bioporen (Regenwurmgängen), organisches Material (Strohreste) bis Bearbeitungstiefe.

Mb 2 (hoch)

Bewertung

Bodenfunktionen (Habitat für das Bodenleben, Infiltration, Bahnen für das Wurzelwachstum) voll gewährleistet, stabiles Gefüge.

Ursache / Bewirtschaftung

Pfluglose Bodenbearbeitung, flache Lockerung (Kurzscheibenegge); Vorgewende: Verdichtung in unterem Bereich: im unbearbeiteten Boden (unterhalb 7 cm) stabiles Gefüge mit Grobporen und verdichteten Bereichen durch Überfahrten der Vorjahre.

Handlungsempfehlung

Zwischenfruchtanbau zur Stabilisierung des Bodengefüges.

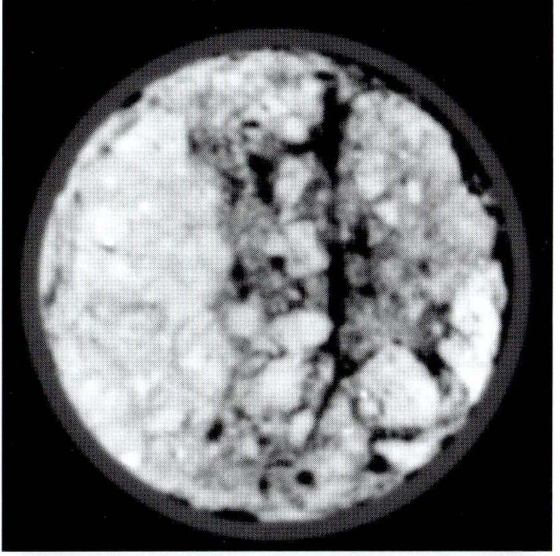

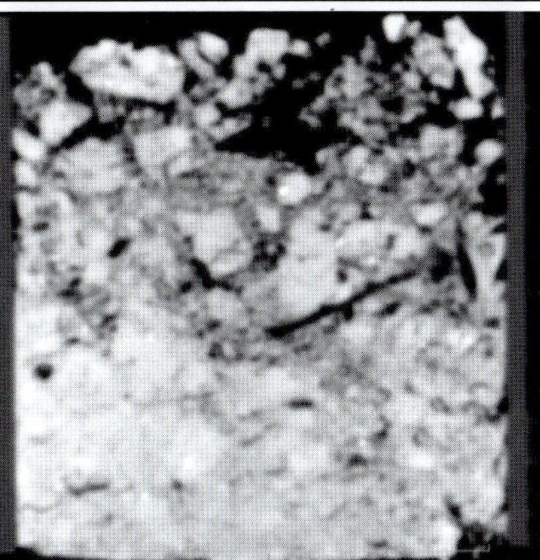

Abb. 69. Schichtbilder Medizin. CT (IZW, Fritsch), Horizontal- (oben) und Vertikalschnitt (unten) der Bodenprobe in Abbildung 68.

Lößboden, nicht wendende Bodenbearbeitung,
mit flacher Lockerung,
Mikro-CT

Abb. 70. Jahrelang pfluglos bearbeiteter Lößboden mit guter Struktur, Lich (Hessen), November 2018 (HARRACH), Vertikalschnitt von Bodenprobe aus 4–16 cm, Ap-Horizont, Oberkrume; Mikro-CT (BAM, Illerhaus).

Standort, Methode

Agrarservice Bank GmbH, Rapsschlag, erodierte Parabraunerde aus Löß, seit über 20 Jahren konsequent pfluglos

Mikro-CT (BAM, Illerhaus)

Analyse

Gut strukturiertes Gefüge, viele Aggregate, organisches Material, viele Bioporen/ RW-Gänge.

Packungsdichte: 4–5 cm: Pd 2–3; 5–16 cm: Pd 3
Lagerungsart der Aggregate: 4–5 cm: La 2–3; 5–16 cm: La 3, Mb 2 (hoch), Wv 2 (gleichmäßig)

Bewertung

Gute Struktur, Bodenfunktionen (Habitat für das Bodenleben, Infiltration, Bahnen für das Wurzelwachstum) voll gewährleistet, stabiles Gefüge.

Ursache / Bewirtschaftung

Gefüge unter Winterraps nach Sommergerste, langjährig pfluglose Bodenbearbeitung, Lockerung durch den Grubber (5–18 cm) ausreichend.

Handlungsempfehlung

Fortsetzung der konsequent pfluglosen Bewirtschaftung.

Abb. 71. Feinwurzeln und Reste von organischem Material (weiß) in der Bodensäule von Abbildung 70; Höhe der Bodenprobe 12 cm (BAM, Illerhaus).

Lößboden, nicht wendende Bodenbearbeitung mit flacher Lockerung,
krumennaher Unterboden,
Mikro-CT

Abb. 72. Jahrelang pfluglos bearbeiteter Lößboden mit guter Struktur, Lich (Hessen), Oktober 2018 (HARRACH), Vertikalschnitt von Bodenprobe aus 23–35 cm, bis 29 cm Ap-Horizont, Unterkrume. Ab 29 cm Bt-Horizont, (krumennaher Unterboden), Mikro-CT, (BAM, Illerhaus).

Standort, Methode

Agrarservice Bank GmbH, Rapsschlag, seit über 20 Jahren konsequent pfluglos

Mikro-CT (BAM, Illerhaus)

Analyse

Gut strukturiertes Gefüge mit kompakter Matrix, porös, organisches Material, einige Bioporen / Regenwurmgänge, ungleichmäßige Wurzelverteilung, in regelmäßigen Strängen, insgesamt gute Durchwurzelung.

Packungsdichte: 23–29 cm: Pd 3; 29–35 cm: Pd 2–3
Lagerungsart der Aggregate: 23–29 cm: La 3; 29–35 cm: La 2–3, Mb 3 (mittel) Wv 3 (fast gleichmäßig)

Bewertung

Bodenfunktionen (Habitat für das Bodenleben, Infiltration, Bahnen für das Wurzelwachstum) gewährleistet, stabiles tragfähiges Gefüge.

Ursache / Bewirtschaftung

Pfluglose Bodenbearbeitung, Lockerung durch den Grubber (5–18 cm) ausreichend.

Handlungsempfehlung

Fortsetzung der konsequent pfluglosen Bewirtschaftung.

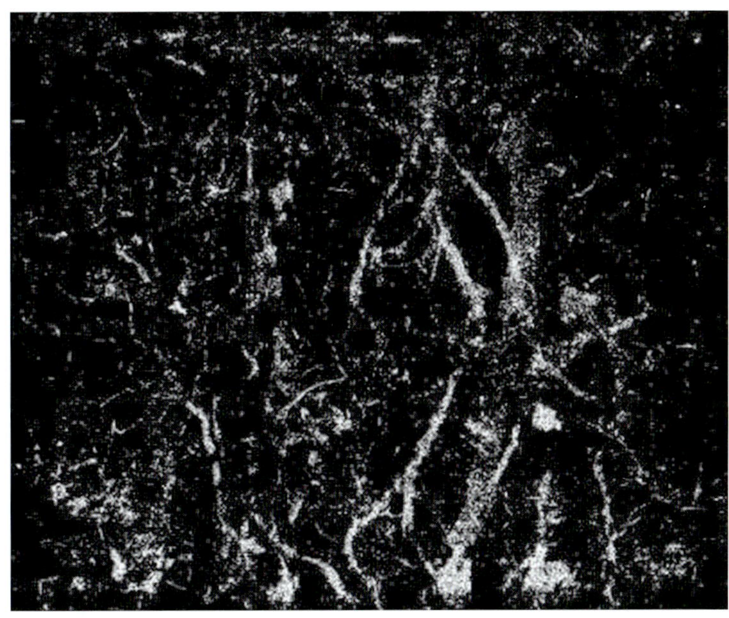

Abb. 73. Feinwurzeln und Reste von organischem Material in der Bodenprobe von Abbildung 72; Bodentiefe 23–35 cm, Ausschnitt; Probe aus dem Grenzbereich zwischen Ap und Unterboden (BAM, Illerhaus).

Bodenbearbeitung und Bodengefüge – Fazit

Eine Reduzierung der Bodenbearbeitung führte auf allen Böden zu einer Verbesserung des Bodengefüges. Die damit verbundene Bodenruhe fördert die Regenwürmer als entscheidende Gestalter des Bodengefüges. Sichtbare Zeichen für die Aktivität der Regenwürmer sind zahlreiche biogene Makroporen, sowie ein Fehlen von Verschlämmungskrusten. ROTH & JOSCHKO (1991) zeigten im Modellversuch, dass Regenwürmer verschlämmte Krusten wieder aufbrechen. Stattdessen ermöglichen stabile Regenschlagkrusten die Infiltration von Regenwasser. Die Reduzierung der Bodenbearbeitung – sei es in der Intensität, Tiefe oder Fläche – ist prinzipiell für alle Böden geeignet.

Die Direktsaat, bei der auf jegliche Bodenbearbeitung verzichtet wird, ist allerdings nicht für alle Böden geeignet. In tonigen Böden bei genügend Niederschlägen gelingt diese Form der extremen Reduzierung der Bodenbearbeitung (siehe Betrieb Fromme). Für eine gelingende Direktsaat (siehe Abb. 58, S. 90) ist ein für den Standort ausreichend hoher Regenwurmbesatz unabdingbar, der sich bei genügend Niederschlägen und Nahrungsangebot einstellt. Für leichte Sandböden ist die Direktsaat nicht optimal (siehe Abb. 50, S. 74); der Verzicht auf jegliche Bodenbearbeitung und Lockerung in sandigen Böden bewährt sich in der Regel nicht, da die Böden verdichtungsempfindlich sind und zur Selbstverdichtung neigen. In leichten Sandböden, mit einem Anteil an Feinerde (= Ton- und Feinschluff) unter 7 %, kann der erforderliche hohe Regenwurmanteil nicht erreicht werden (JOSCHKO et al. 2009). So hat sich z. B. in Brandenburg die Direktsaat nicht durchgesetzt. Hier sind andere Verfahren der reduzierten Bodenbearbeitung, z. B. Streifensaat (siehe gegenüber) erfolgsversprechender.

Die reduzierte Bodenbearbeitung stellt hohe Ansprüche an das Management der Flächen, insbesondere auch an den Pflanzenschutz. So macht Direktsaat häufig einen erhöhten PSM-Einsatz erforderlich. In tonigen Böden kann eine Reduzierung des ansonsten hohen PSM-Einsatzes durch weite Fruchtfolge und Wechsel von Blatt- und Halmfrucht erreicht werden (Abb. 58, S. 90 Betrieb Fromme, Niedersachsen). Ein völliger Verzicht auf Totalherbizide ist aus der Sicht des Bodenschutzes nicht empfehlenswert.

Die zu erwartenden Einschränkungen im Pflanzenschutz werden möglicherweise zu einem Zurücktreten der hinsichtlich des Bodengefüges günstigen reduzierten Bodenbearbeitung führen. Dieser Aspekt, der sich beim »Greening« der Landwirtschaft negativ auswirken wird, wird leider gerne übersehen.

Kennzeichen der Streifensaat ist eine weitere Reduzierung der Bodenbearbeitung nicht nur in der Intensität und Tiefe, sondern auch in der Fläche. Maximal 1/3 der Fläche werden in jedem Jahr bearbeitet. Zwischen den bearbeiteten Streifen verbleiben unbearbeitete Streifen mit Resten der Vorfrucht (Abb. 75). Das Verfahren ist als ganzheitliches Ackerbausystem für nahezu alle Kulturen gleichermaßen geeignet.

Die Streifensaat (strip till) als Weiterentwicklung der konservierenden Bodenbearbeitung (conservation tillage) ist optimal für die Entwicklung des Bodengefüges vieler Böden (sie-

Abb. 74. Wasserlachen nach Platzregen (4 mm) auf konventionell bewirtschaftetem, frisch bearbeitetem und eingedrillten Acker. Der ebenfalls sandige Boden im Hintergrund ist nach Streifensaat nicht verschlämmt, Beerfelde. – Foto: Andreas Muckwar

Abb. 75. Streifensaat zu Winterweizen; Smielin/Bydgoszcz, Polen, Oktober 2021. – Foto: Wolfgang Nürnberger

Abb. 76. Streifen von Zwischenfrucht aus Phacelia. – Foto: Andreas Muckwar

Abb. 77. Bodenoberfläche eines sandigen Bodens bei Streifensaat mit Zwischenfrüchten (links) und konventioneller Bewirtschaftung (rechts). Ein deutlicher Unterschied ist im Verschlämmungsgrad sichtbar, der zu Bodenfeuchteunterschieden führte. – Foto: Andreas Muckwar

he S. 40 ff, Beispiele für optimales Bodengefüge). Streifensaat fördert das Bodenleben und sichert hohe Erträge bei gleichzeitig reduzierten Energie- und Maschinenkosten (LOLE 2018).

Das Mulchen der Bodenoberfläche durch die Reste der Zwischenfrucht oder Vorfrucht schützt die vor allem bei Sandböden empfindliche Bodenoberfläche vor Verschlämmung, fördert den Regenwurmbesatz (siehe Abb. 20, S. 41 und Abb. 25, S. 45) und damit die Entwicklung eines günstigen Bodengefüges. BARKUSKY et al. (2015) zeigten in einem einjährigen Versuch auf langjährig reduziert bearbeitetem Boden im Praxisversuch Lietzen den Vorteil von Streifensaat beim Rapsanbau (siehe auch Abb. 55, S. 84).

Intensive praxisnahe Forschung zu diesem Thema in Brandenburg und darüber hinaus wäre wünschenswert, um mittels der Streifensaat als eine optimale Form der reduzierten Bodenbearbeitung die Gefügeentwicklung in Ackerböden langfristig zu verbessern und die Anpassung der Böden an den Klimawandel (steigende Temperaturen, vermehrte Starkniederschläge) zu steigern.

Praxisbeispiel: Streifensaat aus der Sicht eines Praktikers

Andreas Muckwar, Beerfelde

Ich kann dazu nur sagen, dass wir, seitdem wir das System Streifenbearbeitung konsequent verfolgen, **wesentlich bessere Feldaufgänge auf den Lehmkuppen haben. Selbst bei Starkregen kurz nach der Rapsaussaat gab es dort keine Probleme**.

Ich führe das auf die Anreicherung organischer Substanz in der obersten Bodenschicht und den auf **anlehmigen Böden sprunghaft ansteigenden Regenwurmbesatz** zurück. Diese sorgen nach starken Niederschlägen sehr schnell wieder für die Öffnung der verschlämmten Bereiche und sorgen für die typische **Krümelstruktur**, welche man besonders gut im Dezember/Januar und im Sommer mit feuchten Perioden und Bodenbeschattung sehen kann! Auf **sehr sandigen Teilbereichen haben wir leider immer noch Probleme** in genau solchen Situationen, wo kurz nach der Aussaat stärkere Niederschläge auftreten. **Dort fehlt es meistens an ausreichend Pflanzenresten auf der Oberfläche** (der wenige Aufwuchs lässt sich sehr gut einarbeiten und wird in den luftigen und warmen Böden schnell abgebaut). **Diese Standorte sind für Regenwürmer nicht so attraktiv**, und es ist deshalb schwierig, eine stabile Population zu etablieren. Ebenso wird auf sehr leichtem Sand Kalzium schneller ausgewaschen, welches bei hohen Kaliumgaben z. B. durch Gärreste aber auch Erntereste leicht von den wenigen Ton-Humuskomplexen verdrängt wird. Dann sind die Kalziumbrücken zerstört und der Boden verschlämmt sehr leicht. Hier hilft nur eine **kontinuierliche Kalziumzufuhr in kleinen Menge**n und eine überlegte Ausbringung der organischen Dünger (nicht auf unbewachsenen Böden).

Abb. 78. Bodengefüge im Langzeitfeldversuch V4 unter Mais, Direktsaat, Luzerne-Kleegras-Fruchtfolge, beregnet; Müncheberg, Sept. 2015, Bodenprobe 0–3 cm, Mikro-CT (BAM, Illerhaus, in Grassmel 2017).

Standort, Methode

Langzeitfeldversuch V4, ZALF 2015, nach Mais 0–3 cm Bodentiefe, beregnet, anlehmiger Sand; in GRASSMEL (2017)

Mikro-CT (BAM, Illerhaus)

Analyse

Große Heterogenität und Vielgestaltigkeit des Gefüges, zahlreiche gerundete biogene Aggregate, z. T. Wurmlosungsgefüge, organisches Material und Makroporen.

Mb 3–4 mittel bis gering

Bewertung

Große bodenbiologische Aktivität (Regenwürmer und andere Bodentiere, HAUCK 2016) trotz Glyphosat, gute Vermischung von organischem und mineralischem Material, Stabilität gegenüber Druckbelastung.

Ursache / Bewirtschaftung

Direktsaat, Verzicht auf wendende Bodenbearbeitung, Fruchtfolge mit Leguminosen (Luzerne-Kleegras).

Handlungsempfehlung

Fortführen der Bewirtschaftung.

Sandiger Boden, Wendende Bodenbearbeitung,
Fruchtfolge mit Leguminosen,
Mikro-CT

Abb. 79. Bodengefüge im Langzeitfeldversuch V4 unter Mais, Wendende Bodenbearbeitung, Luzerne-Kleegras-Fruchtfolge, unberegnet, Müncheberg, Sept. 2015, Bodenprobe 0–3 cm, Mikro-CT (BAM, Illerhaus, in Grassmel 2017).

Standort, Methode

Langzeitfeldversuch V4, ZALF 2015, nach Mais 0–3 cm Bodentiefe, unberegnet, anlehmiger Sand; in GRASSMEL (2017)

Mikro-CT (BAM, Illerhaus)

Analyse

Einzelkorngefüge, keine biogenen Aggregate (gerundet) erkennbar, biologische Aktivität gering.

Mb 5 (sehr gering bis Null), leichte Verschlämmung

Bewertung

Bodenbiologische Aktivität ungenügend, instabil, verdichtungsempfindlich.

Ursache/ Bewirtschaftung

Wendende Bodenbearbeitung mit dem Pflug, LKG (Luzerne Kleegras) – Fruchtfolgeeinfluss geringer als Bodenbearbeitung.

Handlungsempfehlung

Bodenbearbeitung reduzieren, organische Düngung mit Stallmist, oder Kompost.

Sandiger Boden, Wendende Bodenbearbeitung,
Fruchtfolge mit Leguminosen,
Mikro-CT

Abb. 80. Bodengefüge im Langzeitfeldversuch V4 unter Mais, Wendende Bodenbearbeitung, Luzerne-Kleegras-Fruchtfolge, beregnet, Müncheberg, Sept. 2015, Bodenprobe 0–3 cm, Mikro-CT (BAM, Illerhaus in GRASSMEL 2017).

Standort, Methode

Langzeitfeldversuch V4, ZALF 2015, nach Mais 0-3 cm Bodentiefe, beregnet, anlehmiger Sand; in GRASSMEL (2017)

Mikro-CT (BAM, Illerhaus)

Analyse

Einzelkorngefüge, keine biogenen Aggregate (gerundet) erkennbar, biologische Aktivtität gering.

Mb 5 (sehr gering bis Null), deutliche Verschlämmung, Luftsprengung

Bewertung

Bodenbiologische Aktivität ungenügend, instabil, verdichtungsempfindlich.

Ursache / Bewirtschaftung

Wendende Bodenbearbeitung mit dem Pflug, LKG (Luzerne-Kleegras), Fruchtfolgeeinfluss geringer.

Handlungsempfehlung

Bodenbearbeitung reduzieren, organische Düngung mit Stallmist oder Kompost.

Vergleich wendende Bodenbearbeitung und Direktsaat unter Beregnung mit Luzerne-Kleegras

Bodenbearbeitung ist der wichtigste Faktor der Bewirtschaftung: Beregnung bei wendender Bodenbearbeitung führt zu einer deutlichen Bodenverschlämmung trotz Luzerne-Kleegras-Fruchtfolge; Beregnung bei Direktsaat und LKG-Fruchtfolge zeigt dagegen keine Verschlämmung in 0–3 cm; das Bodengefüge ist intakt (siehe auch S. 65).

Schlussfolgerung: Die Vorzüge der Luzerne-Kleegras-Fruchtfolge können die Nachteile Wendender Bodenbearbeitung für das Bodengefüge nicht kompensieren.

Maiswurzeln bei unterschiedlicher Bodenbearbeitung und Fruchtfolge
Sandiger Boden, Direktsaat, Fruchtfolge mit Leguminosen,
Medizin. CT

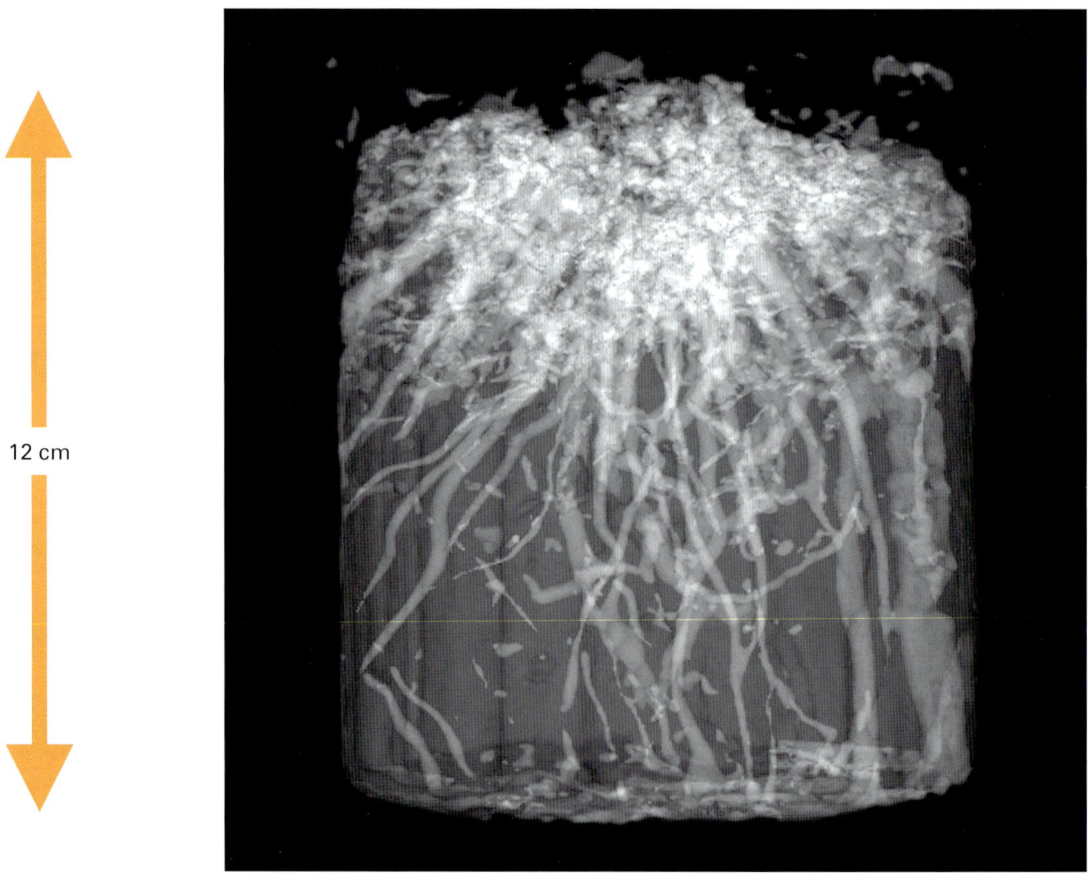

Abb. 81. Mais- und Luzernewurzeln (grau) und Grobporen (weiß) im Langzeitfeldversuch V4, in einer Luzerne-Kleegras-Fruchtfolge bei Direktsaat, unberegnet; Müncheberg, Nov. 2015, Bodenprobe 0–12 cm, medizinische CT (IZW, Fritsch).

Standort, Methode

Langzeitfeldversuch V4, ZALF 2015, nach Mais 0-12 cm anlehmiger Sand

Medizin. CT (IZW, Fritsch)

Analyse

Heterogenes Wurzelflecht verbunden mit zahlreichen Makroporen, Maiswurzeln und Luzernewurzeln, hohe Bodenbiodiversität.

Mb 2 hoch, Wv 3

Bewertung

Starke Durchwurzelung, hoher Kohlenstoff-Eintrag durch die Wurzeln, Wurzelheterogenität und Habitatfunktion des Bodens erhöht (HAUCK 2016).

Ursache / Bewirtschaftung

Direktsaat: Verzicht auf Bodenbearbeitung, Fruchtfolge mit Leguminosen (Luzerne-Kleegras-Gemisch).

Handlungsempfehlung

Fortführen der Bewirtschaftung.

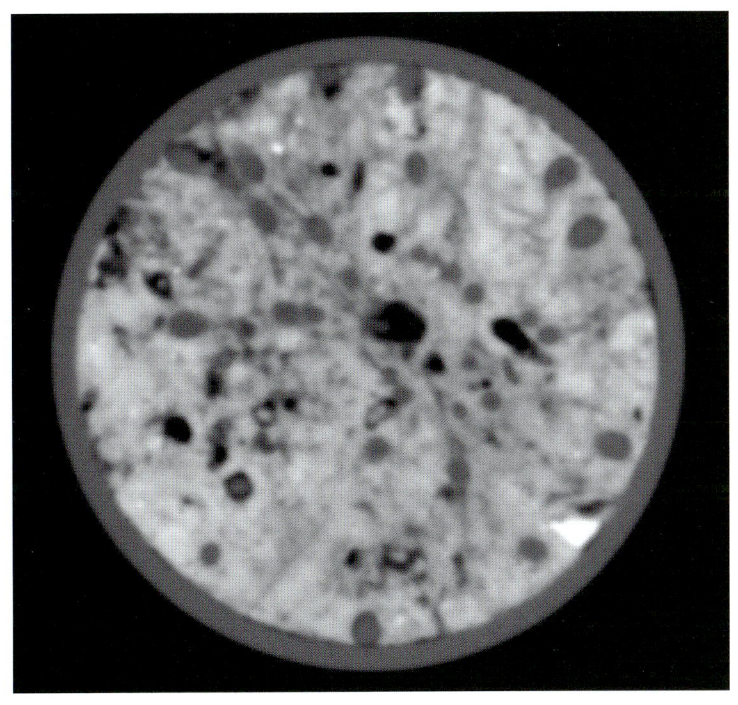

Abb. 82. Mais-und Luzernewurzeln (grau) und Makroporen (schwarz) im Langzeitfeldversuch V4, Pflugvariante, Luzerne-Kleegras-Fruchtfolge, Müncheberg, Nov. 2015, Bodenprobe von Abbildung 81, 0–12 cm, Medizin. CT (IZW, Fritsch), Querschnitt.

Maiswurzeln bei unterschiedlicher Bodenbearbeitung und Fruchtfolge
Sandiger Boden, Wendende Bodenbearbeitung, Mais-Monokultur,
Medizin. CT

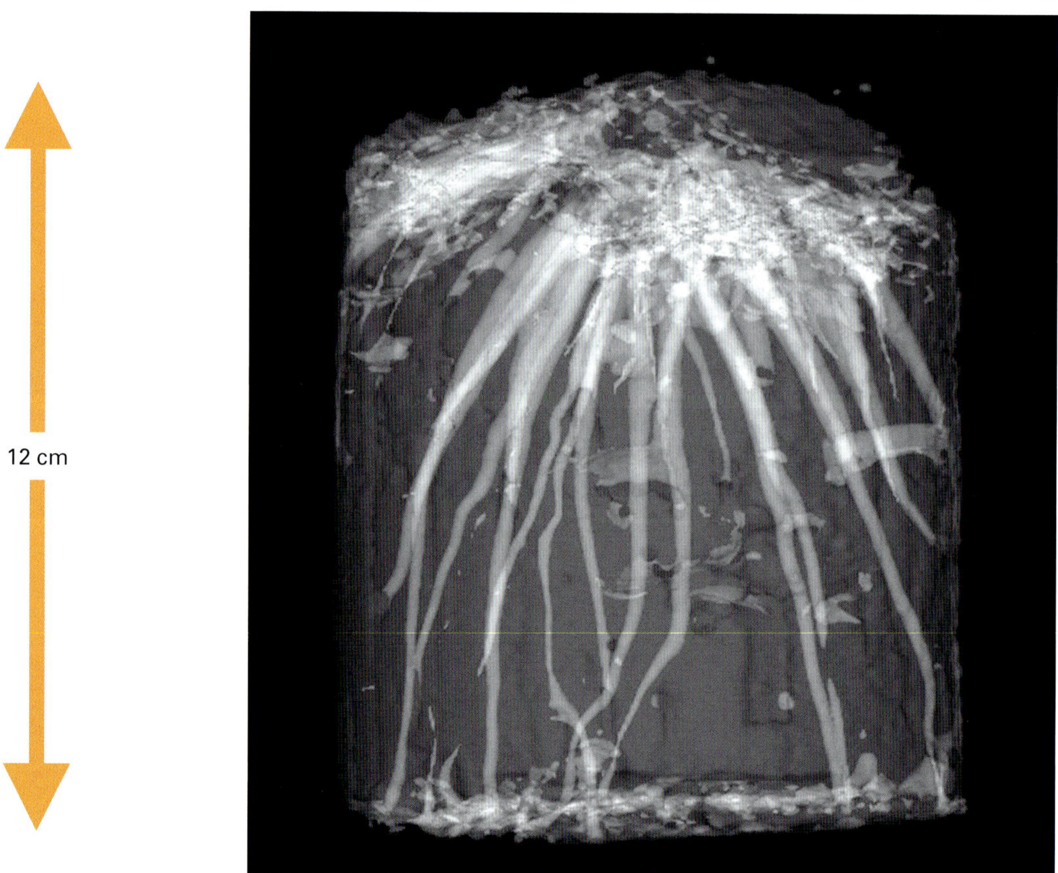

Abb. 83: Maiswurzeln (grau) und Makroporen (weiß) im Langzeitfeldversuch V4, Pflugvariante, Mais-Monokultur, Müncheberg, Nov. 2015, Bodenprobe 0–12 cm, Medizin. CT (IZW, Fritsch).

Standort, Methode

Langzeitfeldversuch V4 (Hufnagel), ZALF 2015, nach Mais 0-12 cm Bodentiefe, anlehmiger Sand

Medizin. CT (IZW, Fritsch)

Analyse

Monotones Wurzelbild.

Mb 4 gering, Wv 4

Bewertung

Gutes Maiswachstum, aber geringe Bodenbiodiversität (HAUCK 2016).

Ursache / Bewirtschaftung

Wendende Bodenbearbeitung mit dem Pflug, Maismonokultur, Beregnung.

Handlungsempfehlung

Zur Förderung der Biodiversität Verzicht auf Pflug und Aufweitung der Fruchtfolge mit Leguminosen Kompost.

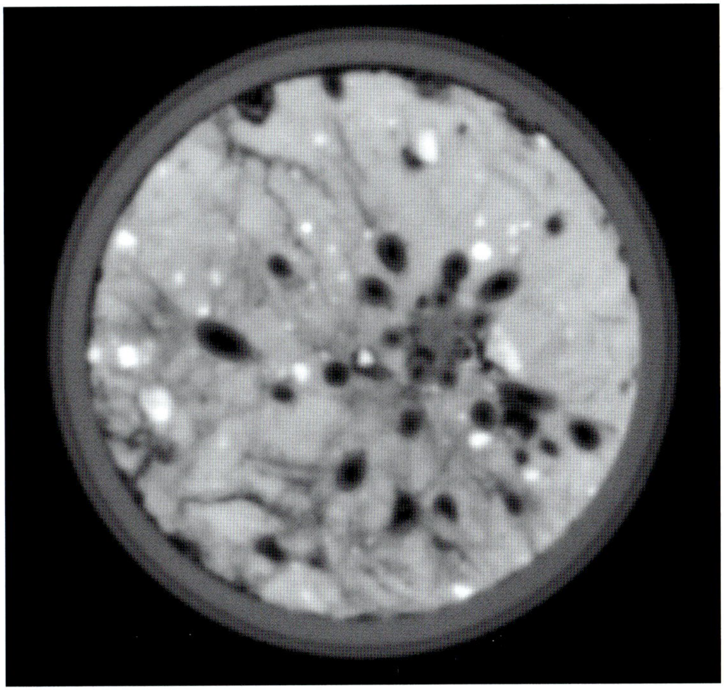

Abb. 84. Maiswurzeln (grau) und Makroporen (schwarz) im Langzeitfeldversuch V4, Pflugvariante, Mais-Monokultur, Müncheberg, Nov. 2015, Bodenprobe von Abbildung 83, 0–12 cm, Medizin. CT (IZW, Fritsch), Querschnitt in ca. 2 cm Bodentiefe.

Sandiger Boden, Zwischenfruchtanbau in Kombination mit langjährig nicht wendender, reduzierter Bodenbearbeitung, Mikro-CT

Abb. 85. Gefügezustand eines sandigen Bodens nach Zwischenfruchtanbau und Vorfrucht Roggen GPS nach langjährig nicht wendender Bodenbearbeitung, Dolgelin (MOL, Brandenburg), Oktober 2016, 0–3 cm, Mikro-CT (BAM, Illerhaus in Grassmel 2017).

Standort, Methode

Praxisbetrieb Schulze, Dolgelin, lehmiger Sand, AZ 35, 0–3 cm Bodentiefe; in GRASSMEL (2017)

Mikro-CT (BAM, Illerhaus)

Analyse

Kompakte Lagerung, keine Bodenbearbeitungswirkung zu erkennen, heterogen, organisches Material sichtbar, porös, aber kaum Regenwurmgänge,Verschlämmung an Bodenoberfläche, Regenschlagskruste.

La 4–5, Mb 5 (gering bis Null)

Bewertung

Stabilisiertes Gefüge, Zwischenfrüchte und organisches Material (Stoppelreste); trotz pflugloser Bewirtschaftung ist der Gefügezustand dieses Sandbodens nicht optimal (keine biogenen Makroporen).

Ursache / Bewirtschaftung

Pfluglose Bodenbearbeitung, Zwischenfruchtanbau (Ölrettich, Phacelia, Rauhhafer).

Handlungsempfehlung

Fortsetzung der pfluglosen Bewirtschaftung und des Zwischenfruchtanbaues.

Sandiger Boden, Zwischenfruchtanbau in Kombination mit langjährig nicht wendender Bodenbearbeitung, Vorgewende, Mikro-CT

Abb. 86. Gefügezustand eines sandigen Bodens aus dem Vorgewende nach Zwischenfruchtanbau und Vorfrucht Roggen GPS nach langjährig nicht wendender Bodenbearbeitung, Dolgelin (MOL, Brandenburg), Oktober 2016, 0–3 cm, Mikro-CT (BAM, Illerhaus in Grassmel 2017); verdichtete Aggregate von den Überfahrten der Vorkultur.

Standort, Methode

Praxisbetrieb Schulze, Dolgelin, lehmiger Sand, AZ 35, 0–3 cm Bodentiefe; in GRASSMEL (2017)

Mikro-CT (BAM, Illerhaus)

Analyse

Kompakte Lagerung, verdichtete Aggregate, heterogenes Gefüge, organisches Material sichtbar, porös, keine vertikal-kontinuierlichen Regenwurmgänge, kein Krümelgefüge, Bröckelgefüge.

La 4, Mb 4 gering

Bewertung

Stabilisiertes Gefüge trotz Belastung (Vorgewende), durch organisches Material, Zwischenfrüchte und Stoppelreste.

Ursache / Bewirtschaftung

Langjährige pfluglose Bodenbearbeitung, Zwischenfruchtanbau (Ölrettich, Phacelia, Rauhhafer).

Handlungsempfehlung

Fortsetzung der pfluglosen Bewirtschaftung und des Zwischenfruchtanbaues.

Sandiger Boden, Zwischenfruchtanbau in Kombination mit langjährig nicht wendender Bodenbearbeitung, Medizin. CT

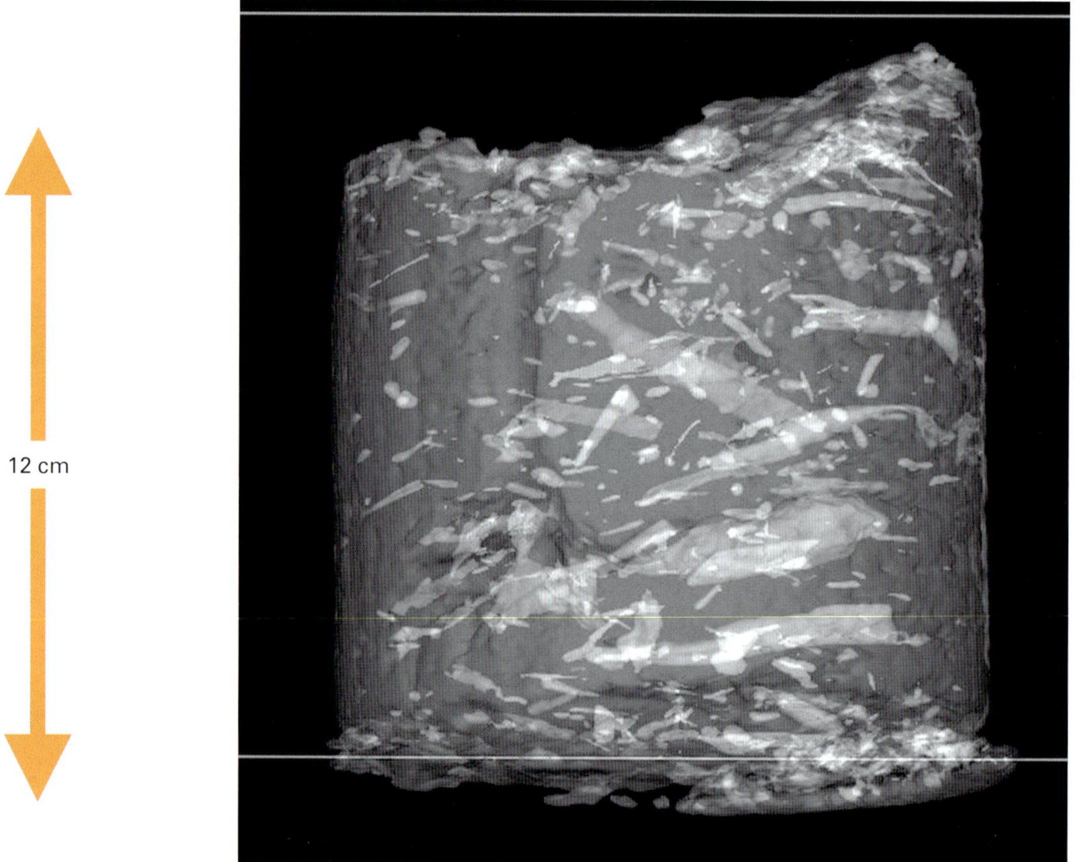

Abb. 87. 3D-Visualisation der Makroporen und Grobwurzeln in Bodensäule aus 0–12 cm Bodentiefe nach langjährig reduzierter Bodenbearbeitung und Zwischenfruchtanbau Dolgelin (MOL, Brandenburg), Okt. 2016, Medizin. CT (IZW, Fritsch).

Standort, Methode

Praxisbetrieb Schulze, Dolgelin, lehmiger Sand, AZ 35

Medizin. CT (IZW, Fritsch)

Analyse

Überwiegend horizontale Orientierung der Makroporen und Zwischenfruchtwurzeln.

Mb 4 gering, Wv 3 fast gleichmäßig

Bewertung

Stabilisiertes Gefüge durch organisches Material, Stoppelreste und Wurzeln der Zwischenfrucht.

Ursache / Bewirtschaftung

Langjährige pfluglose Bodenbearbeitung, Zwischenfruchtanbau (Ölrettich, Phacelia, Rauhhafer).

Handlungsempfehlung

Fortsetzung der pfluglosen Bewirtschaftung und des Zwischenfruchtanbaues.

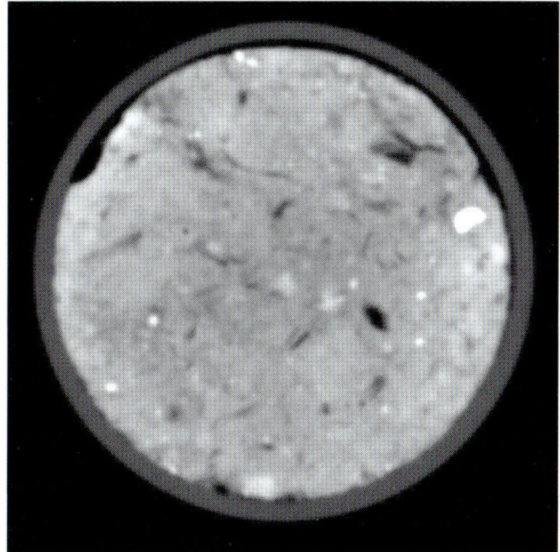

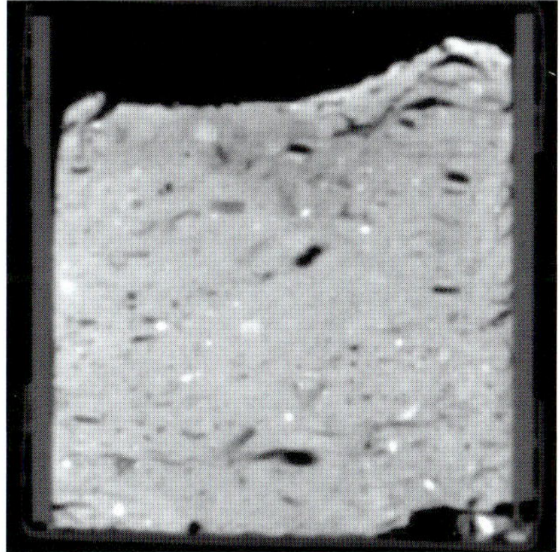

Abb. 88. Schichtbilder Medizin. CT (IZW, Fritsch), Horizontal- (oben) und Vertikalschnitt (unten) der Bodenprobe in Abbildung 87, mit vereinzelten Makroporen.

Sandiger Boden, Zwischenfruchtanbau in Kombination mit langjährig nicht wendender Bodenbearbeitung, Vorgewende, Medizin. CT

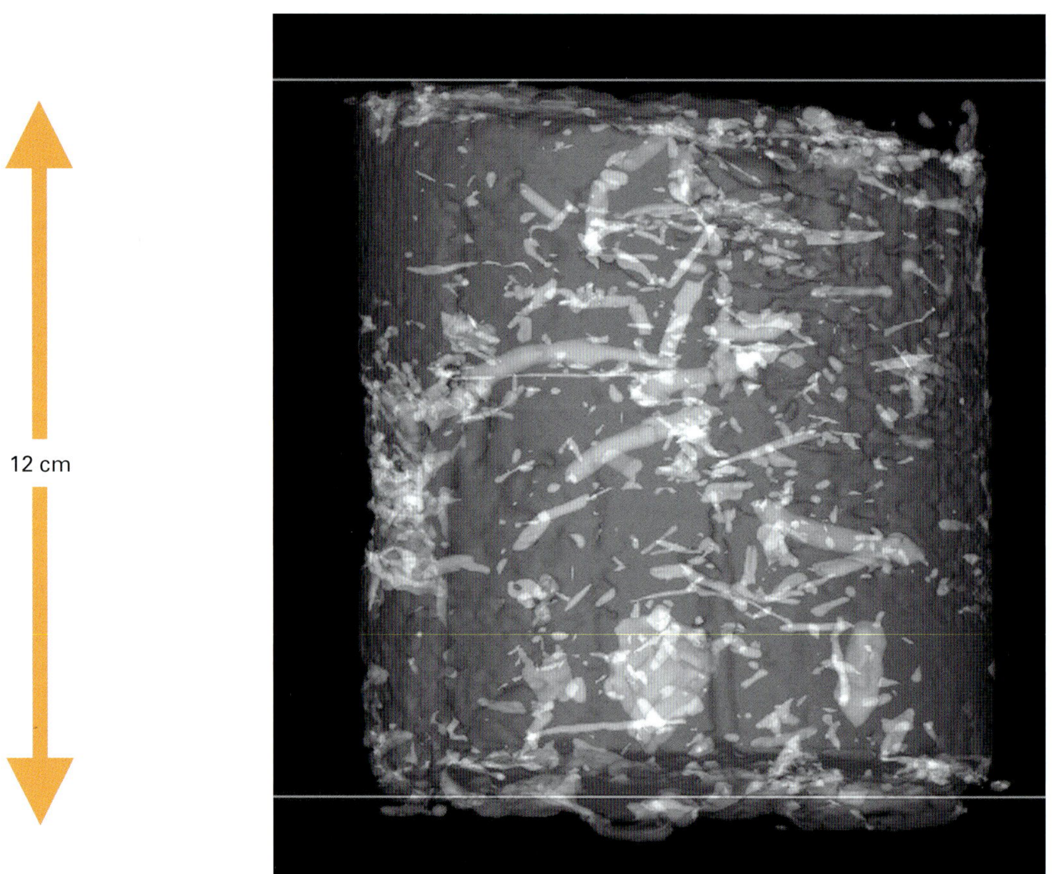

Abb. 89. 3D-Visualisation der Makroporen und Grobwurzeln in Bodensäule aus dem Vorgewende nach Zwischenfrucht und langjährig reduzierter Bodenbearbeitung , Dolgelin (MOL, Brandenburg), Okt. 2016, 0–12 cm, Medizin. CT (IZW, Fritsch).

Standort, Methode

Praxisbetrieb Schulze, Dolgelin, lehmiger Sand, AZ 35

Medizin. CT (IZW, Fritsch)

Analyse

Überwiegend horizontale Orientierung der Makroporen und Zwischenfruchtwurzeln.

Mb 4b gering, Wv 3 fast gleichmäßig

Bewertung

Stabilisiertes Gefüge durch organisches Material, Stoppelreste und Zwischenfruchtwurzeln.

Ursache / Bewirtschaftung

Pfluglose Bodenbearbeitung, Zwischenfruchtanbau (Ölrettich, Phacelia, Rauhhafer).

Handlungsempfehlung

Fortsetzung der pfluglosen Bewirtschaftung und des Zwischenfruchtanbaues.

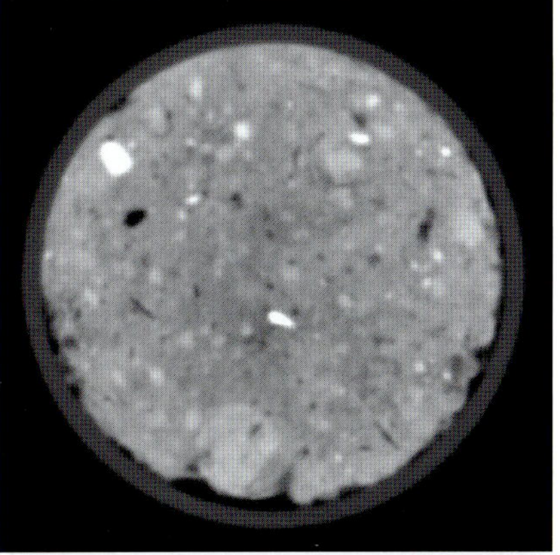

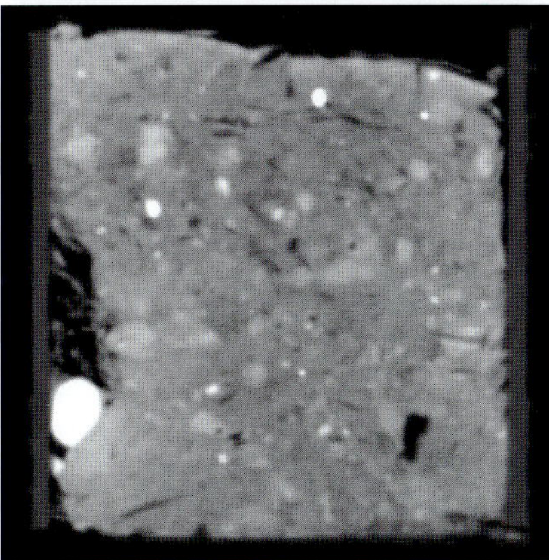

Abb. 90. Schichtbilder Medizin. CT (IZW, Fritsch), Horizontal- (oben) und Vertikalschnitt (unten) der Bodenprobe in Abbildung 89 mit vereinzelte Makroporen und verdichtete Aggregate.

Praxisbeispiel: Landwirtschaftsbetrieb Burkhard Fromme, Scheppau

Die stark heterogenen Bodenbedingungen reichen im Landwirtschaftsbetrieb Fromme in der Moränenlandschaft bei Königslutter von Sand- über Lößlehm- bis zu schweren Tonböden. Prägend für den Betrieb sind die zu Staunässe neigenden Tonböden. Der hohe Aufwand bei der Bearbeitung führte dazu, dass der Betrieb schon seit Jahrzehnten auf eine wendende Bodenbearbeitung verzichtet und heute konsequent Direktsaat durchführt. Im Betrieb werden im Anbausystem zur Bodenbedeckung, zum Humusaufbau und zur Optimierung des Bodengefüges diverse Zwischenfruchtmischungen eingesetzt. Wichtig dabei ist eine Kombination von verschiedenen Pflanzengruppen (Leguminosen, Kreuzblütler, Gräser usw.). Gute Erfahrungen liegen mit Mischungen aus Ackerbohne, Peluschke, Phacelia, Sommerwicke, Sonnenblume, Öllein, *Phacelia* und Lupine vor. Die unterschiedliche Wurzelgeometrie erschließt den Boden in verschiedenen Bodenhorizonten und Bodentiefen. So baut sie auch unterirdisch durch Ab- und Umbauprozesse Biomasse auf, der Boden ist ganzjährig bewachsen und bietet den Bodenorganismen ganzjährig ausreichend Nahrung und Schutz. Lebende Pflanzen dienen als flüssige Kohlenstoffpumpe, welche über die Photosyntheseleistung und Wurzelausscheidungen Kohlenstoff in den Boden bringen. Je größer die Diversität der Pflanzen, desto größer ist die Diversität der Mikroorganismen und desto robuster ist das Ökosystem des Bodens. Ausreichend Zeit für die Zwischenfrüchte bleibt auf dem Betrieb durch die weit gestellte Fruchtfolge mit acht Kulturen. Auf Wintergetreide folgen konsequent Blattfrüchte und Sommerungen. Der Vorteil dabei ist: der Pflanzenschutzaufwand lässt sich beispielsweise bei Herbiziden und Fungiziden senken.

Praxisbeispiel: Landwirt Martin Schulze, Dolgelin

Der Zwischenfruchtanbau am Trockenstandort Dolgelin stellt eine besondere Herausforderung dar. Pflanzenarten wie Kleegras sind wegen Wassermangel nicht geeignet.

Martin Schulze baut deshalb Ölrettich, *Phacelia*, Rauhhafer als Zwischenfrucht an. Diese Arten haben einen geringen Keimwasseranspruch und entwickeln sich auch im Spätherbst noch gut. Vor Vegetationsbeginn im Frühjahr sind sie umzubrechen, damit sie das Wasser der Winterniederschläge nicht verbrauchen. Der Zwischenfruchtanbau im Herbst nach der Ernte verbraucht Wasser, welches den Regenwürmern nicht mehr zur Verfügung steht. Regenwurmgänge sind deshalb erst im Frühjahr zu erwarten.

Praxisbeispiel: Landwirt Andreas Muckwar, Beerfelde

Zwischenfrüchte bei Streifensaat

In der Fruchtfolge Winterraps, Wintergetreide, Zwischenfrucht, Mais und Wintergetreide wird die Zwischenfrucht wie eine Hauptkultur behandelt. Mit einer Standzeit von ca. 8 Monaten steht sie fast doppelt so lange im Feld wie der nachfolgende Mais. Von ihrem Gelingen hängt maßgeblich der Gefügezustand des Bodens zur Maisaussaat ab. Wenn alles optimal verläuft, werden in dieser Zeit Strukturschäden beseitigt, die Aggregate stabilisiert, um besser vor Wind und Wassererosion geschützt zu sein, das Infiltrationsvermögen sowie das Wasserspeichervermögen erhöht, Nährstoffe aufgeschlossen – gespeichert und für die Folgekultur leichter verfügbar gemacht, Kohlenstoff angereichert, die Artenvielfalt vor allem im Bereich der positiv wirkenden Bakterien aber auch Pilze deutlich erhöht und schädliche Arten wie z.B. Fusarienpilze zurückgedrängt und das Auflaufen von Unkräutern zur Folgekultur deutlich vermindert (allelopathische Wirkung von Rauhhafer).

Die Zwischenfruchtaussaat erfolgt direkt nach der Aberntung des Wintergetreides als Streifensaat in die Stoppel. Je kürzer die Zeit zwischen dem Mähdrusch und der Aussaat, desto besser! Es geht vorrangig darum, eventuell noch vorhandene Bodenfeuchtigkeit zu nutzen und möglichst wenig Ausfallgetreide zur Keimung anzuregen, um der Zwischenfrucht einen Vorsprung zu verschaffen. Es werden immer möglichst diverse Mischungen mit mindestens 12 Arten verwendet. Derzeit ist eine Mischung aus Felderbse, Sommerwicke, Sorghum, Rauhhafer, Seradella, *Phacelia*, Sonnenblumen, Alexandrinerklee, Perserklee, Ramtillkraut, Öllein und Färberdiestel im Einsatz! Es ist angedacht die Mischung durch weitere winterharte Arten zu ergänzen, um das Bodenleben bis ins Frühjahr hinein vielfältig zu erhalten. Es wird kein Senf oder Ölrettich verwendet, weil sie keine Mykorrhiza bilden können und deshalb zum Nährstoffaufschluss den pH in der Rhizosphäre stark absenken. Sie wirken so eher strukturschädigend als strukturfördernd. Runde wasserstabile Krümel sollen nach Auffassung des Landwirtes beim Zusammenspiel von Bodenorganismen (hauptsächlich Bakterien und Mykorrhizapilzen) und lebenden Pflanzenwurzeln entstehen.

Gülle, Gärreste in fester als auch flüssiger Form sowie Dolomitkalk werden immer in die wachsende Zwischenfrucht gestreut oder mit dem Schlitzgerät appliziert. Es hat sich als sehr sinnvoll herausgestellt, in der Getreidevorfrucht erhöhte Schwefelmengen zu verwenden und Ammoniumbetonit zu düngen. Dies erhöht den Biomasseaufwuchs der Zwischenfrucht im Vergleich zum Standard nach Auffassung des Landwirtes nochmals deutlich.

Sandiger Boden, Luzerne im Feldfutterbau unter Weide, Medizin. CT

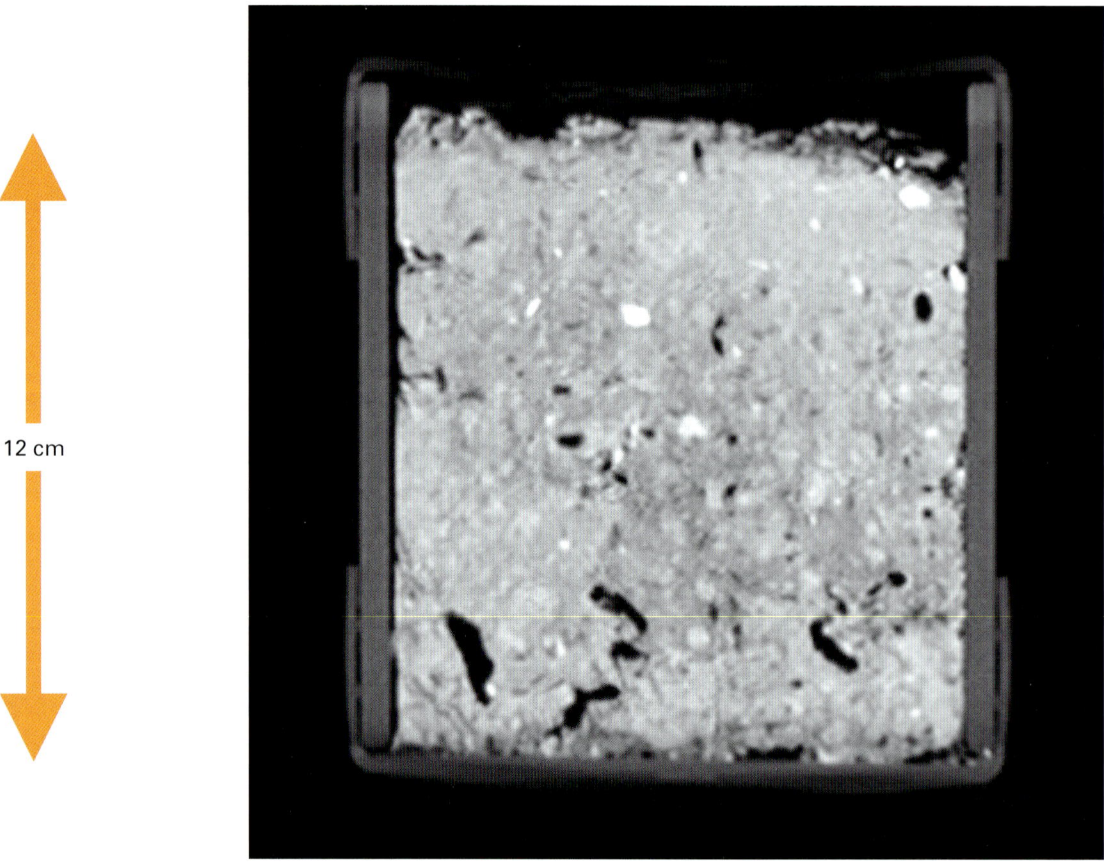

Abb. 91. Bodengefüge einer Weide unter Luzerne, Alt Madlitz (LOS, Brandenburg), Mai 2019, Medizin. CT (IZW, Fritsch).

Standort, Methode

Praxisbetrieb Bösel, Alt Madlitz, lehmiger Sand, AZ 30, 0–12 cm Bodentiefe

Medizin. CT (IZW, Fritsch)

Analyse

Kompakte Lagerung, heterogen, einige Regenwurmgänge.

La 3, Mb 3 mittel

Bewertung

Stabiles Gefüge, mäßige bodenbiologische Aktivität.

Ursache / Bewirtschaftung

Ökobetrieb, mehrjährige Luzerne, dauerhafter Anbau zur Bodenruhe, evtl. Verdichtung durch Trittbelastung.

Handlungsempfehlung

Fortsetzung der Bewirtschaftung, weitere Förderung der Regenwürmer durch gezielte organische Düngung.

Sandiger Boden, Luzerne im Feldfutterbau, Mähwiese, Medizin. CT

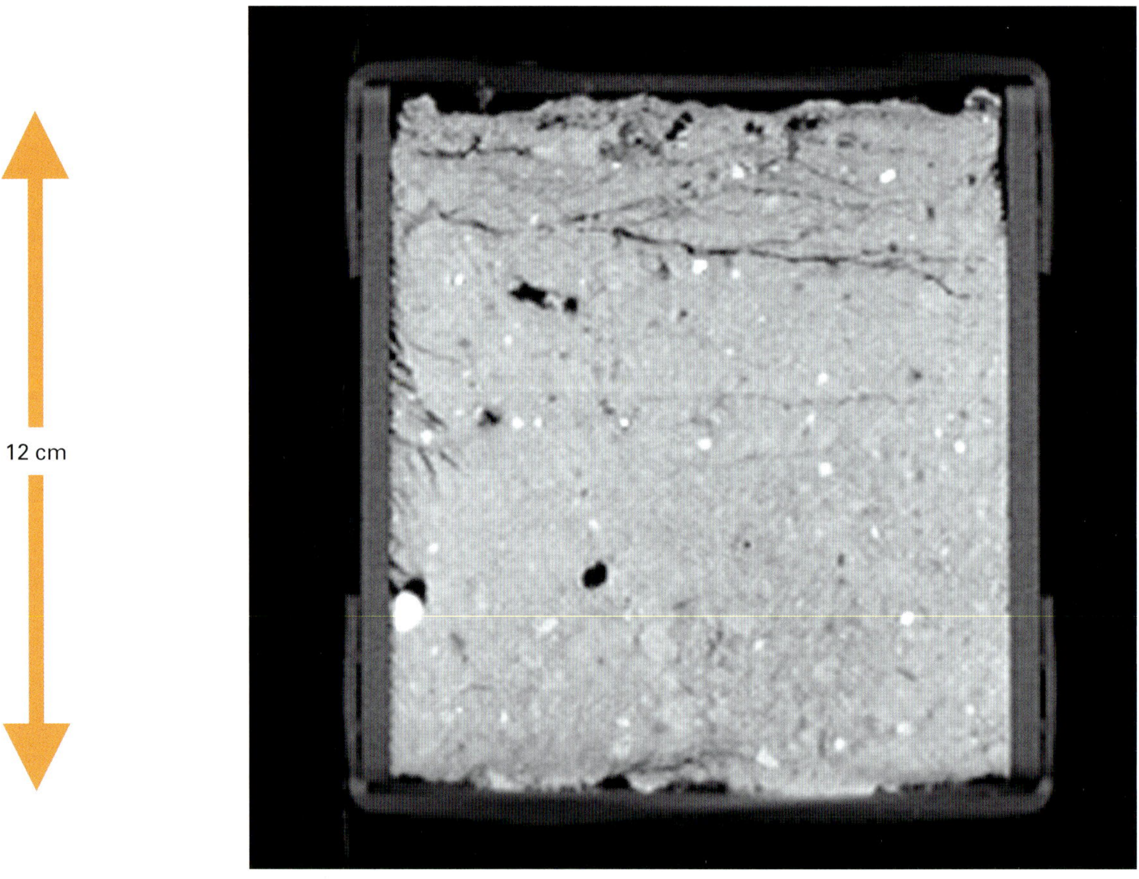

Abb. 92. Bodengefüge einer Mähwiese unter Luzerne, Alt Madlitz (MOL, Brandenburg), Mai 2019, Medizin. CT (IZW, Fritsch).

Standort, Methode

Praxisbetrieb Bösel, Alt Madlitz, lehmiger Sand, AZ 30, 0–12 cm Bodentiefe

Medizin. CT (IZW, Fritsch)

Analyse

Kompakte Lagerung, heterogen, Zugrisse im oberen Bereich, Verdichtung, kaum Regenwurmgänge.

La 4–5, Mb 4 gering

Bewertung

Kompaktes, teilweise verdichtetes Gefüge, geringe bodenbiologische Aktivität.

Ursache / Bewirtschaftung

Zugriss-Entstehung bei Probenahme: Boden war sehr verdichtet, vermutlich durch mechanische Druckbelastung; bisheriger Luzerneanbau offenbar nicht ausreichend zur Melioration des Gefüges.

Handlungsempfehlung

Verringerung der Belastung, Aktivierung der Regenwurmpopulation.

Fruchtfolgewirkungen in tonigen Böden
Toniger Boden, Direktsaat, Fruchtfolge mit Leguminosen,
Medizin. CT

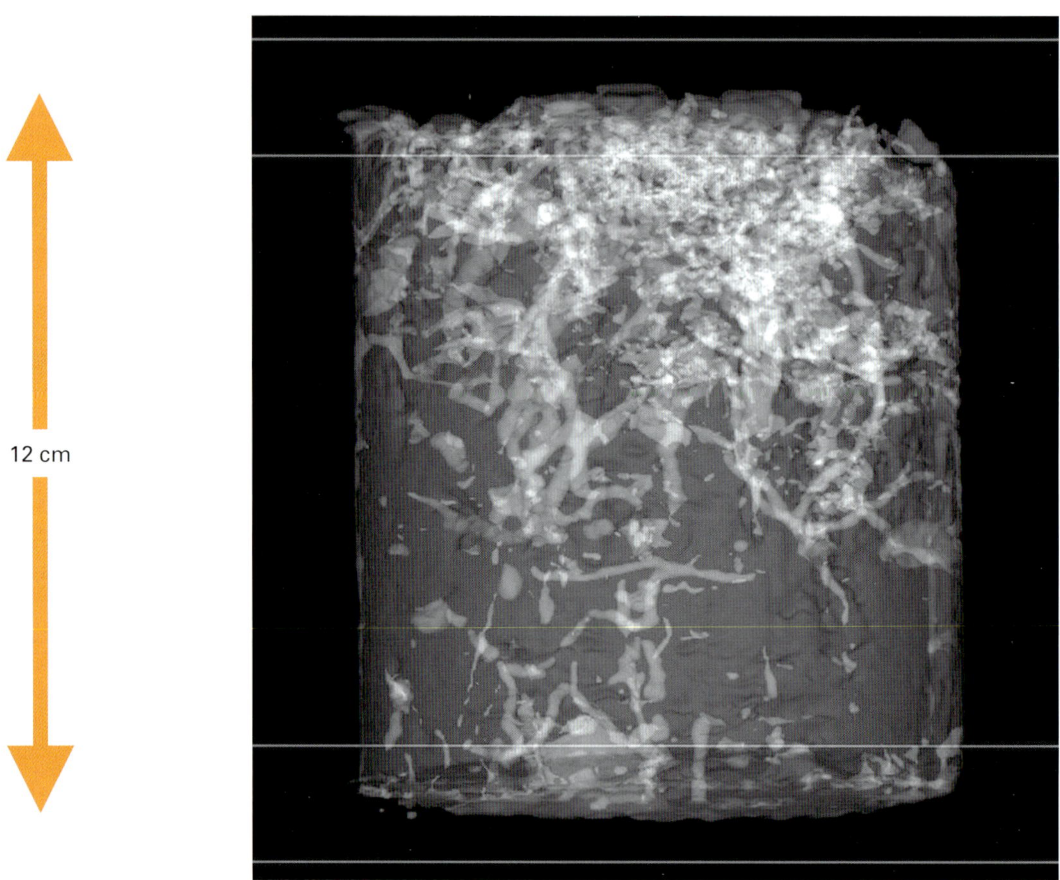

Abb. 93. 3D-Visualisation der Makroporen (> 300 µm) in einem Tonboden unter Raps, Direktsaat, mit Leguminosen als Zwischenfrucht, Scheppau (Niedersachsen), November 2016, Bodenprobe 0–12 cm, Medizin. CT (IZW, Fritsch).

Standort, Methode

Praxisbetrieb Fromme, Scheppau, lehmiger Ton, AZ 50–55, 0–12 cm Bodentiefe

Medizin. CT (IZW, Fritsch)

Das Bild wurde im Rahmen der Tätigkeit der folgenden Gruppe aufgenommen: Operationelle Gruppe (EIP Agri Niedersachsen): Projekt: Anbau von Raps mit Begleitpflanzen im Anbausystem Einzelkornsaat und Weiter Reihe. Koordinator: Dr. Jana Epperlein (GKB e. V.).

Analyse

Netz von Bioporen (Regenwurmgänge).

Mb 2 hoch

Bewertung

Bodenfunktionen (Habitat für das Bodenleben, Infiltration, Bahnen für das Wurzelwachstum) voll gewährleistet.

Ursache / Bewirtschaftung

Leguminosen (Ackerbohne) als Zwischenfrucht in Verbindung mit Direktsaat, weite Fruchtfolge.

Handlungsempfehlung

Fortsetzung dieser Art der gefügeverbessernden Bewirtschaftung.

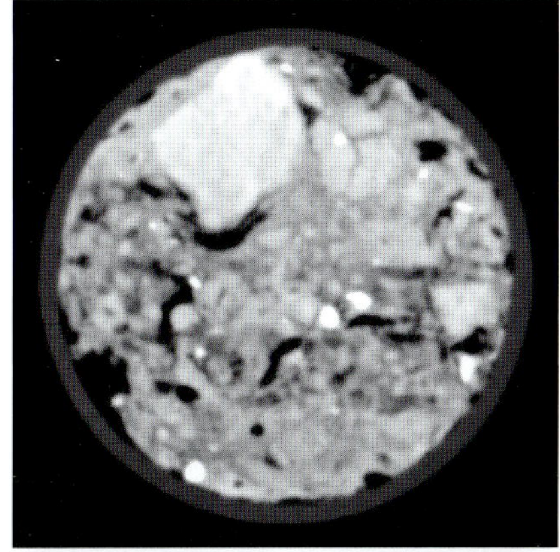

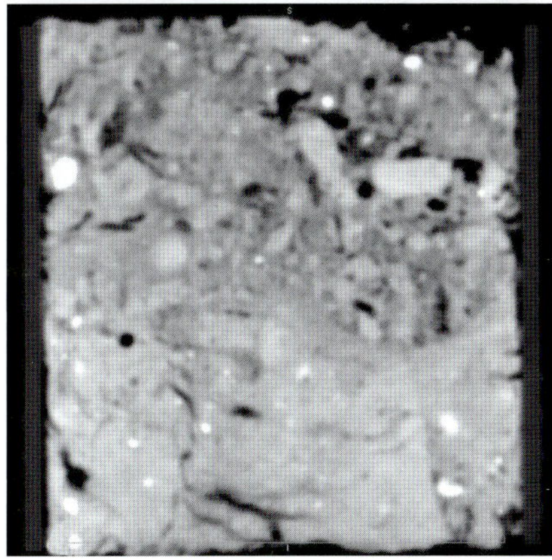

Abb. 94. Schichtbilder Medizin. CT (IZW, Fritsch), Horizontal- (oben) und Vertikalschnitt (unten) der Bodenprobe in Abbildung 93 aus eine dem Acker unter Raps mit Leguminosen. Makroporen schwarz.

Fruchtfolgewirkungen in tonigen Böden
Toniger Boden, Direktsaat, Fruchtfolge mit Leguminosen, Fahrgasse, Medizin. CT

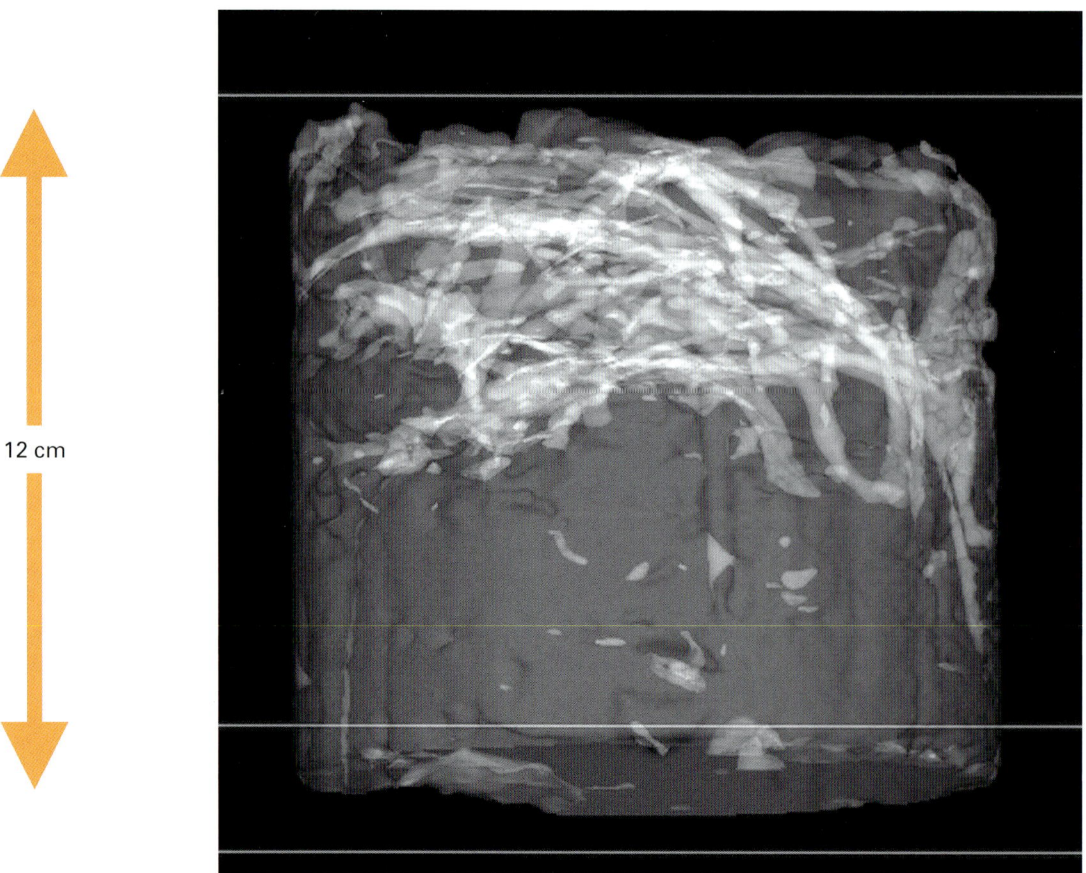

Abb. 95. 3D-Visualisation der Makroporen (>300 µm) in einem Tonboden unter Raps, Direktsaat, in Fahrgasse, Scheppau (Niedersachsen), November 2016, Bodenprobe 0–12 cm, Medizin. CT (IZW, Fritsch).

Standort, Methode

Praxisbetrieb Fromme, Scheppau, lehmiger Ton, AZ 50–55, 0–12 cm Bodentiefe

Medizin. CT (IZW, Fritsch)

Das Bild wurde im Rahmen der Tätigkeit der folgenden Gruppe aufgenommen: Operationelle Gruppe (EIP Agri Niedersachsen): Projekt: Anbau von Raps mit Begleitpflanzen im Anbausystem Einzelkornsaat und Weiter Reihe. Koordinator: Dr. Jana Epperlein (GKB e.V.).

Analyse

Netz von horizontal verlaufenden Makroporen (Regenwurmgängen) im oberen Teil der Bodenprobe (ca. 6 cm Bodentiefe), darunter verdichtet.

oben Mb 2 hoch, unten Mb 5 gering bis Null

Bewertung

Bodenfunktionen eingeschränkt Makroporen (Wurzelgänge, evtl. Regenwurmgänge) bei Befahrung verdichtet und verschmiert (siehe CT-Schichtbilder).

Ursache / Bewirtschaftung

Fahrgasse (Verdichtung), keine Zwischenfrucht; Direktsaat.

Handlungsempfehlung

Stopp der Belastung, Zwischenfrucht oder Beibehaltung als permanente Fahrgasse.

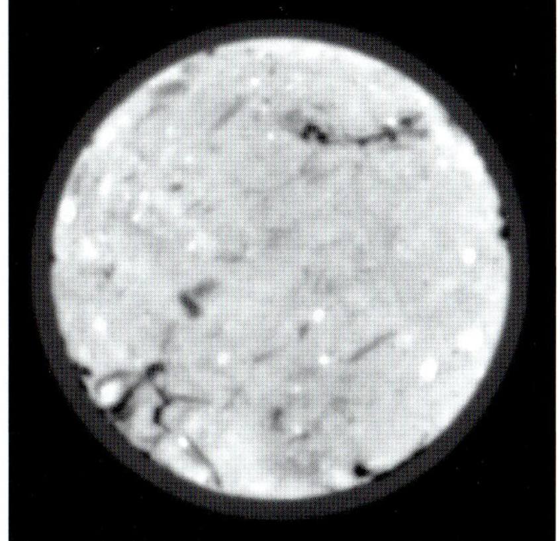

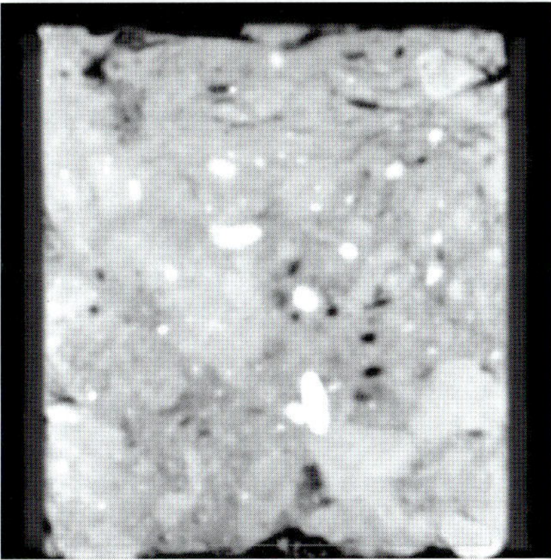

Abb. 96. Schichtbilder Medizin. CT (IZW, Fritsch), Horizontal- (oben) und Vertikalschnitt (unten) der Bodenprobe in Abbildung 95 aus der Fahrgasse, Makroporen schwarz.

Fruchtfolge und Bodengefüge – Fazit

Foto: Andreas Muckwar

Es ist bekannt, dass die Fruchtart erheblichen Einfluss auf die Regenwürmer, die Hauptgestalter des Bodengefüges, ausübt (WESTERNACHER & GRAFF 1987, ELLMER et al. 1995).

Eine vielgestaltige Fruchtfolge mit Wechsel von Blatt- und Halmfrucht ist aufgrund der vielfältigen ökologischen Vorteilswirkungen optimal. Allerdings zeigen die hier vorliegenden Ergebnisse deutlich, dass die Bodenbearbeitung auf allen untersuchten Böden wichtiger als die Fruchtfolge ist: die Vorzüge einer vielgestaltigen Fruchtfolge, wie zum Beispiel einer Luzerne-Kleegras-Fruchtfolge im Vergleich zu einer Mais-Monokultur (Abb. 78, S. 114 und 79, S. 116) konnten die Nachteile wendender Bodenbearbeitung für das Bodengefüge nicht kompensieren.

So kam es trotz vielgestaltiger Fruchtfolge (Luzerne-Kleegras) bei wendender Bodenbearbeitung mit dem Pflug bei Beregnung zur Ausbildung von Verschlämmungskrusten. Bei Direktsaat wurde dagegen keine Verschlämmung festgestellt (Abb. 80 , S. 118).

Foto: Andreas Muckwar

Auch wenn Zwischenfrüchte sehr empfehlenswert sind (siehe S. 133) ist zu beachten, dass frisch bestellte Böden sehr anfällig gegenüber Verschlämmungen sind (siehe S. 64.)

Sandige Böden sind besonders empfindlich. Trotz langjährig reduzierter Bodenbearbeitung und Einsatz von Zwischenfrüchten (Ölrettich) kann es zu Verschlämmungen kommen – möglicherweise gerade bedingt durch die Zwischenfrucht-Bestellung (Abb. 85, S. 124). Es ist somit fraglich, ob gerade auf Sanden in Trockengebieten eine permanente Bedeckung mit einer Pflanzendecke sinnvoll ist, weil dafür nicht genug Wasser zur Verfügung steht. Sinnvoller ist das konsequente Mulchen mit den Ernteresten der Hauptfrüchte, d. h. der Verzicht auf wendende Bodenbearbeitung.

Sandiger Boden, Wendende Bodenbearbeitung, ungedüngte Kontrolle, Medizin. CT

Abb. 97. Bodengefüge in der ungedüngten Kontrolle (0) des Langzeitfeldversuches V140/00 in Müncheberg (MOL, Brandenburg), August 2019, Medizin. CT (IZW, Fritsch).

Standort, Methode

Langzeitfeldversuch V 140/00 (BARKUSKY et al. 2020), ZALF 2019, nach Mais 0–12 cm Bodentiefe, anlehmiger Sand, AZ 25

Medizin. CT (IZW, Fritsch)

Analyse

Kompaktes Gefüge, wenig porös, hell (humusarm).

La 4, Mb 4 gering

Bewertung

Schlechter Bodengefügezustand (kompakt).

Ursache / Bewirtschaftung

Pflug, keine organische oder mineralische Düngung, unterversorgt, geringe Erträge.

Handlungsempfehlung

Gezielte Herstellung einer Mangelsituation für wiss. Zwecke; Beibehaltung der Bewirtschaftung.

Sandiger Boden, Wendende Bodenbearbeitung, organisch-mineralische Düngung mit Stallmist, Medizin. CT

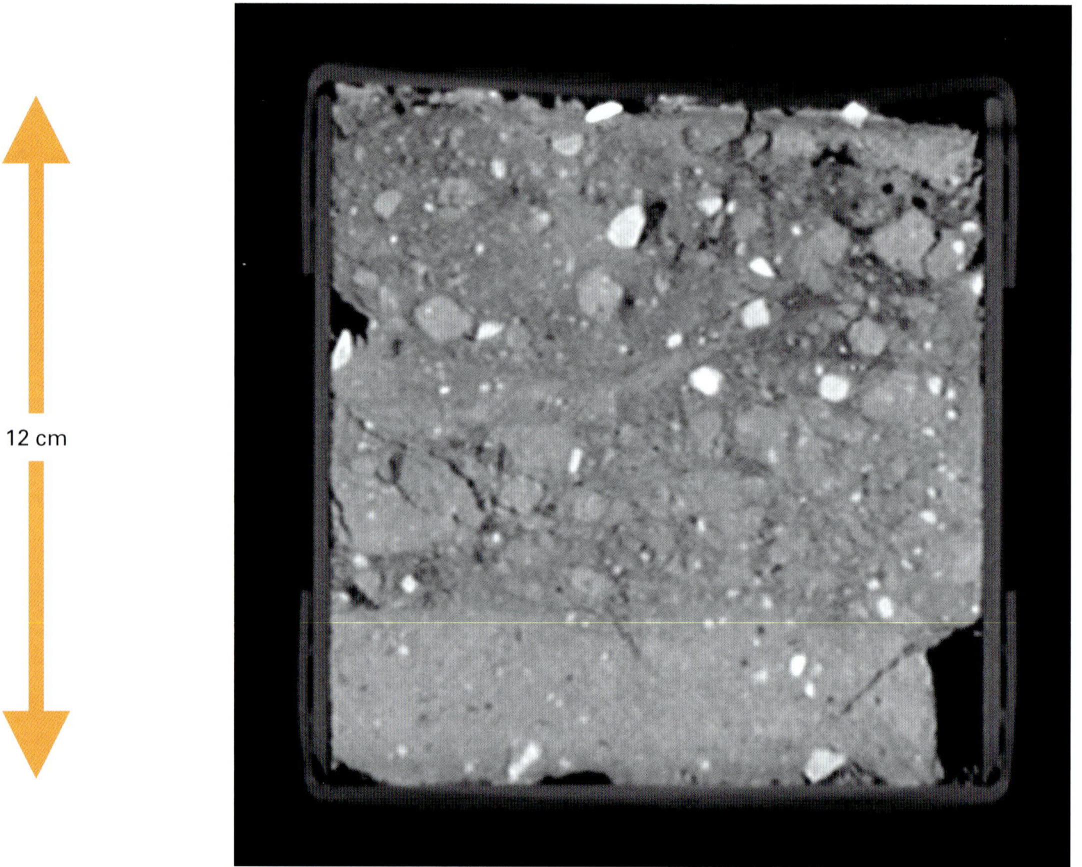

Abb. 98. Bodengefüge in der hochgedüngten Stallmistvariante (SM2) des Langzeitfeldversuches V140/00 in Müncheberg (MOL, Brandenburg), August 2019, Medizin. CT (IZW, Fritsch).

Standort, Methode

Langzeitversuch V 140/00 (Barkusky et al. 2020) , ZALF 2019, nach Mais 0–12 cm Bodentiefe, anlehmiger Sand, AZ 25

Medizin. CT (IZW, Fritsch)

Analyse

Heterogenes Gefüge, Aggregatbildung (meist scharfkantig, nicht biogen; innere Verdichtung). Dunkel: humusreich, hell: humusarm.

La 4, Mb 4 gering

Bewertung

Heterogenes, stabiles Bodengefüge induziert durch die Düngung; Bröckelgefüge.

Ursache / Bewirtschaftung

Pflug (deutlicher Streichblecheffekt), hohe mineralische und organische Düngung (SM 2), relativ hohe C_{org}-Gehalte. Durch massive Düngung (organisch und mineralisch) sind hohe Erträge erzielt worden, aber das Bodengefüge konnte bei regelmäßigem Pflugeinsatz nur geringfügig verbessert werden.

Handlungsempfehlung

Gezielte Herstellung einer Variante für wiss. Zwecke Beibehaltung der Bewirtschaftung, Beachtung der N-Effizienz.

Lößboden, Wendende Bodenbearbeitung,
organisch-mineralische Düngung mit Stallmist,
Mikro-CT

Abb. 99. Bodengefüge eines organisch gedüngten Lößbodens unter Winterweizen in Dzielawy (Oberschlesien, Polen), Mai 2018, Bodenprobe 0–12 cm, Mikro-CT (BAM, Illerhaus).

Standort, Methode

Dzielawy (Polen), 2018, Betrieb Joszko, 0–12 cm, Löß, AZ 65

Mikro-CT (BAM, Illerhaus)

Analyse

Poren durchziehen die gesamte Bodenprobe, kompakte Teilbereiche im unteren Teil erkennbar.

Mb 2 hoch, Wv 3 fast gleichmäßig

Bewertung

Voll funktionsfähiges Bodengefüge, mit hoher Tragfähigkeit der Krume und guter Porosität.

Ursache / Bewirtschaftung

Trotz konventioneller Bodenbearbeitung schonende Bewirtschaftung bei organischer Düngung mit Rindermist; resilienter Lößboden.

Handlungsempfehlung

Nahezu optimales Gefüge, zur weiteren Stabilisierung Aufweitung der Fruchtfolge, Reduzierung der Bodenbearbeitung.

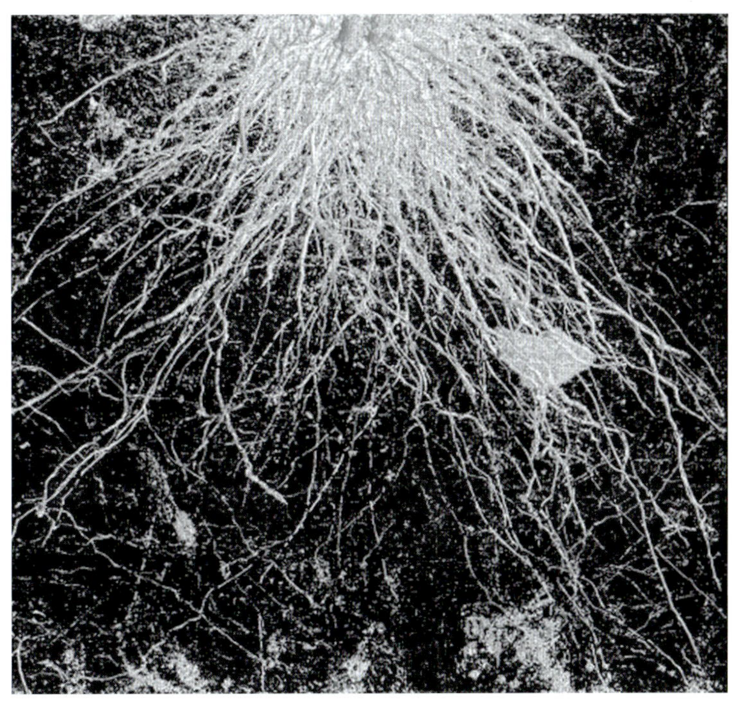

Abb. 100. Wurzelsystem (Feinwurzeln) in der Bodenprobe von Abbildung 99. Dichtes Wurzelgeflecht in der oberen Hälfte der Bodenprobe, geringes Wurzelwachstum in verdichteten Teilbereichen typisches Wurzelverteilungsprofil (BAM, Illerhaus).

Lößboden, Wendende Bodenbearbeitung,
organische Düngung mit Schweinemist,
Mikro-CT

Abb. 101. Bodengefüge eines organisch gedüngten Lößbodens unter Winterweizen in Poniecice (Oberschlesien, Polen), Mai 2018, Bodenprobe 0–12 cm, Mikro-CT (BAM, Illerhaus).

Standort, Methode

Poniecice (Polen), 2018, Betrieb Jarosz, 0–12 cm, Löß-Lehm

Mikro-CT (BAM, Illerhaus)

Analyse

Boden durchgehend porös, 2 verdichtete Teilbereiche, Schwammgefüge.

Mb 1 sehr hoch, Wv 3

Bewertung

Bodengefüge voll funktionsfähig, Schwammgefüge.

Ursache / Bewirtschaftung

Trotz konventioneller Bodenbearbeitung schonende Bewirtschaftung bei organischer Düngung mit Schweinemist; resilienter Lößboden. Gute Aktivierung des Bodenlebens (Regenwürmer).

Handlungsempfehlung

Nahezu optimales Gefüge, zur weiteren Stabilisierung Aufweitung der Fruchtfolge, Reduzierung der Bodenbearbeitung.

Abb. 102. Wurzelsystem (Feinwurzeln) in der Bodensäule von Abbildung 101. Wurzeln zahlreich, die ganze Bodenprobe durchziehend, in verdichteten Bereichen reduziert, Wv 3 fast gleichmäßig; Bodengefüge und Wurzelsystem voll funktionsfähig (BAM, Illerhaus).

Organische Düngung und Bodengefüge – Fazit

Dr. Jürgen Reinhold, Potsdam

In engen Grenzen kann durch organische Düngung das Bodengefüge beeinflusst werden. Die Humusversorgung wirkt auf das Bodengefüge vor allem durch die Stabilisierung der Bodenaggregate und der Verstärkung von Grobporen infolge verstärkter Lebendverbauung.

Die Humusgehalte in der Ackerkrume sind stark texturabhängig und werden insbesondere durch den Tongehalt der Böden bestimmt. Die durch die Tongehalte linear bestimmten Feinporen stellen ein wesentliches Stabilisierungspotenzial für feindisperse Huminstoffe dar, weil hier Bodenmikroorganismen keinen Zugang haben. Die feindispersen Huminstoffe sind zu klein für Bodenmikroorganismen und können somit nur anorganisch durch Ton bzw. Feinporen bewahrt werden. Bewirtschaftungsmaßnahmen, wie die organische Düngung, ganzjährige Bodenbedeckung mit Zwischenfrüchten, die Einarbeitung von Koppelprodukten oder eine Mulchbedeckung, können den Gehalt an Humus in ihrem Zusammenspiel vorübergehend beeinflussen.

Einflüsse von Humusgehalten auf das Bodengefüge

Die Humusvorräte und deren Stabilisierung in den Böden werden nicht nur durch deren Mineralbestandteile beeinflusst, sondern wirken auch selbst auf das Bodengefüge. Das Gesamtporenvolumen wird durch die Humusgehalte linear erhöht. Eine vergleichbar absenkende Wirkung zeigen die Humusgehalte auf die Kennziffern für die Trockenrohdichte. Höhere Humusgehalte führen also zu einem Anstieg des Gesamtporenvolumens und senken dadurch die Lagerungsdichte der Böden ab, wodurch sich die Ackerkrume deutlich vom Unterboden unterscheidet. Als Ursache für diese Entwicklung können vor allem die lockere Struktur von Huminstoffen und die Förderung von Krümelbildung durch Lebendverbau angesehen werden.

Die Humusgehalte fördern auch das Grobporenvolumen in der Ackerkrume und im Unterboden. Die Humusgehalte fördern somit durch Krümelbildung die Luft- und Wasserführung in den Böden, vor allem in der Ackerkrume. Diese Wirkung ist zwar statistisch gesichert erfassbar, jedoch schwächer ausgeprägt. Das deutet darauf hin, dass die Krümelbildung im Boden nur anteilig durch den Humusvorrat als vielmehr durch die Förderung des Bodenlebens – also durch deren Ernährung über leicht abbaubare organische Substanzen – erklären lassen.

Einflüsse der Krümelbildungen auf das Bodengefüge

Durch die massive und direkte Beteiligung von Bodenlebewesen und Pflanzenwurzeln entstehen Verbindungen zwischen den organischen (Humus) und den mineralischen Bestandteilen des Bodens (Ton- und Feinschluffteilchen) unter Beteiligung von Kationen (z.B. Ca^{2+}, Mg^{2+}), die als Ton-Humus-Komplexe bezeichnet werden (Abb. 103). Durch diesen Lebendverbau und die Bioturbation werden stabile Bodenkrümel bzw. -aggregate aufgebaut, zwischen denen viele Grobporen entstehen und die im Inneren vor allem Mittel- und Feinporen enthalten.

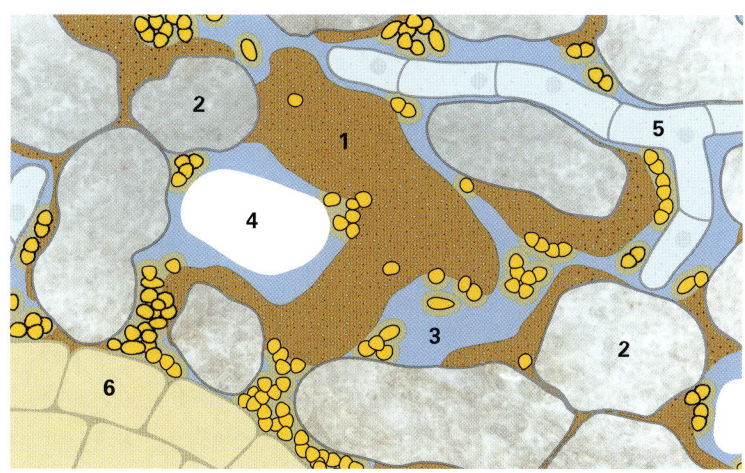

*Abb. 103. Modell eines belebten Aggregats mit Lebendverbau. **1**: Ton mit Humus und Ton-Humus-Komplexen, **2**: Schluffkörner, **3**: Haftwasser in Mittelporen, **4**: Luftblase in einer Grobpore, **5**: Pilzhyphe, **6**: Pflanzenreste, **Gelb**: Bakterien und Bakterienschleim.*

Es besteht somit ein direkter Zusammenhang zwischen der mikrobiellen Aktivität und der Aggregatstabilität des Bodens. Die Ton-Humus-Komplexe und Bodenkrümel stabilisieren den Boden gegenüber Erosion und Verschlämmung, erhöhen das Porenvolumen (Fein- bis Grobporen) und schaffen somit günstige Voraussetzungen für den Luft-, Wasser- und Humushaushalt. Sie können als zentrale Elemente der Bodenfruchtbarkeit bezeichnet werden.

Sowohl die Versorgung des Bodenlebens mit frischer organischer Substanz als auch die Bildung von Nähr- und Dauerhumus bedürfen einer Zufuhr organischer Primärsubstanzen. Diese bestehen aus leicht abbaubaren (bodenlebenernährenden) und abbaustabilen (humusreproduktionswirksamen) Anteilen und wirken sich über diese beiden Seiten auf das Bodengefüge aus.

Die Stabilität der Bodenkrümel ist an eine ausreichende mikrobiologische Aktivität und eine gute Bodendurchwurzelung gebunden. Wegen dieser Abhängigkeit von biologischen Bodenfaktoren wird die Krümelbildung und -stabilität vor allem durch eine ausreichende Ernährung des Bodenlebens und der Pflanzen gefördert. Treten hier Schwankungen auf, folgt die Krümelbildung diesen variablen Ernährungsbedingungen, sowohl langfristig als auch saisonal. Die Versorgung der Böden mit organischer Substanz spielt dabei eine herausragende Rolle.

VERGLEICH ZWISCHEN SPATENDIAGNOSE UND DIGITALER GEFÜGEANALYSE

Im Folgenden wird die Spatendiagnose und ihre Weiterentwicklung »Ermittlung der Packungsdichte« (»Einfache Feldgefügeansprache für den Praktiker«) parallel zur digitalen Gefügeanalyse mit CT vorgestellt, um die Effizienz beider Ansätze zu vergleichen und die Möglichkeiten einer »Veredelung der Spatendiagnose durch die Röntgen-CT« abzuschätzen.

Gefügebeurteilung im Gelände: Ermittlung der Packungsdichte

Zur Beschreibung und Beurteilung des Bodengefüges im Gelände gibt es verschiedene Ansätze und Traditionen. Die Spatendiagnose nach Görbing ist längst eine Legende geworden. Bevor aber der Spaten zum Einsatz kommt, sollte die Bodenoberfläche in Augenschein genommen werden. Denn der Verschlämmungsgrad auf der Oberfläche (siehe S. 169) verrät viel über den Gefügezustand des Bodens und über flächenhafte Unterschiede. So kann die punktuelle Untersuchung mit dem Spaten gezielt an repräsentativen Stellen erfolgen.

Während bei der Bestimmung der effektiven Lagerungsdichte ursprünglich ausschließlich Geländemerkmale berücksichtigt wurden, hat sich die effektive Lagerungsdichte später mehr als Labormethode etabliert. Dagegen stand und steht bei der Packungsdichte durchgängig der Geländebefund im Fokus. Bei beiden methodischen Ansätzen wird eine Reihe von im Gelände ermittelbaren Gefügemerkmalen herangezogen, wobei das wichtigste Ziel ist, das Porensystem des Bodens zu erfassen.

Packungsdichte

Nach der **Bodenkundlichen Kartieranleitung** (KA 5, 2005) wird im Gelände die **effektive Lagerungsdichte** bestimmt, während nach dem von HARRACH 1981 in Gießen entwickelten Ansatz das entsprechende Ergebnis nach Feldansprache als **Packungsdichte** bezeichnet wird. Die beiden Begriffe können quasi als Synonyme betrachtet werden, wobei die Einstufung der Packungsdichte durch parallele bodenphysikalische Messergebnisse, Wurzeluntersuchungen und Ertragsermittlungen besser abgesichert ist (DUMBECK 1986, VORDERBRÜGGE 1989, HARRACH & VORDERBRÜGGE 1991, TENHOLTERN 2000, RÜCKNAGEL et al. 2013). Das Verfahren zur Ermittlung der Packungsdichte wird durch DIN 19 682-10, Ausgabe 2013, geregelt.

Mechanischer Bodenwiderstand	Gefügemerkmale mittlerer Gewichtung Aggregatgröße	 Zusammenhalt des Bodengefüges	Gefügemerkmale hoher Gewichtung Lagerungsart der Aggregate	 Anteil biogener Makroporen	Gefügeindikator sehr hoher Gewichtung Wurzelverteilung	Packungsdichte
sehr gering (Wm 1)	sehr fein bis fein (Ag 1–2)	sehr lose (nicht verfestigt) (Zh 1)	sperrig (La 1)	sehr hoch (Mb 1)	gleichmäßig (Wv 1)	**Pd 1** sehr gering
gering (Wm 2)	sehr fein bis mittel (Ag 1–3)	lose (nicht verfestigt) (Zh 2)	offen (La 2)	hoch (Mb 2)	gleichmäßig (Wv 2)	**Pd 2** gering
mittel (Wm 3)	fein bis grob (Ag 2–4)	mittel (schwach verfestigt) (Zh 3)	halboffen (La 3)	mittel (Mb 3)	fast gleichmäßig (Wv 3)	**Pd 3** mittel
hoch (Wm 4)	mittel bis sehr grob (Ag 3–5)	fest (mittel bis stark verfestigt) (Zh 4)	fast geschlossen (La 4)	gering (Mb 4)	starke Häufung in Rissen (Wv 4)	**Pd 4** hoch
sehr hoch (Wm 5)	grob bis sehr grob (Ag 4–5)	sehr fest (stark bis sehr stark verfestigt) (Zh 5)	geschlossen (La 5)	sehr gering bis Null (Mb 5)	sehr starke Häufung in Rissen (Wv 5)	**Pd 5** sehr hoch

Tabelle 3. Bestimmung der Packungsdichte aufgrund von Gefügemerkmalen und Wurzelverteilung (Harrach).

Den veränderlichen Grobporenanteil betreffen die Kategorien »Lagerungsart der Aggregate«, »Anteil biogener Makroporen« und »Wurzelverteilung« (siehe S. 29). Die Packungsdichte als Gesamtscore für den Gefügezustand wird in 5 Stufen von 1 (sehr gering) bis 5 (sehr hoch) bewertet (siehe Tabelle 3).

Im Rahmen des DIWELA-Projektes wurde dieser bewährte Ansatz mit den Ergebnissen der Röntgen-CT verglichen. Grundlage des Vergleiches sind 10 ungestörte Bodenproben (d = 12 cm) aus Praxisbetrieben aus Hessen. Außerdem wurden in den Gefügebeschreibungen (Abb. 18, S. 41 bis Abb. 101, S. 151), soweit möglich, in der Rubrik »Analyse« die drei wichtigsten Gefügemerkmale »Wurzelverteilung, Anteil biogener Makroporen und Lagerungsart der Aggregate« aus den Röntgen-Computertomographie-Schichtbildern abgeschätzt. Die Ergebnisse der Bodengefügeanalyse der Praxisbetriebe in Hessen bzgl. Packungsdichte wurden mit der Röntgen-CT-Analyse, der Mikro-CT und einer darauf basierenden Wurzelvisualisierung verglichen und sind auf den folgenden Seiten dargestellt.

Schichtbild medizinsches CT

Mikro-CT

Wurzeln, organische Reste

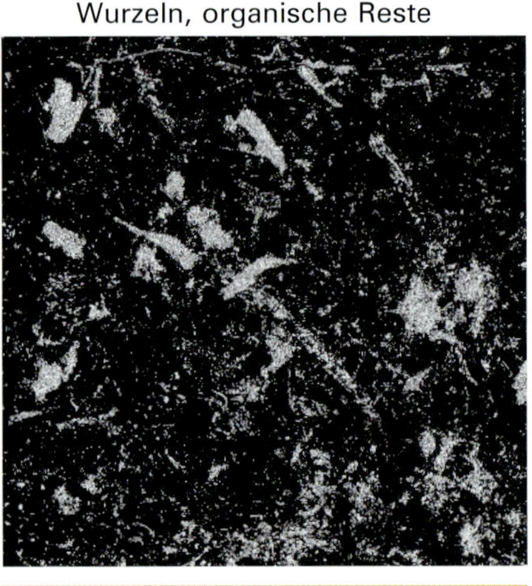

Nr.	Ort	Bodenart	Bodentiefe	Bewirtschaftung	Pd	Pd Bedeutung
1	Wallerstädten	Lehmiger Ton	4–16 cm	ZR, 2016 Pflug	3–4	wenig verdichtet

Schichtbild medizinsches CT

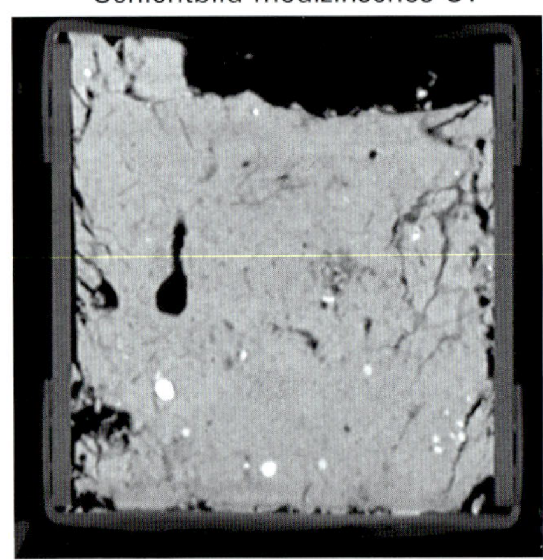

Mikro-CT

Wurzeln, organische Reste

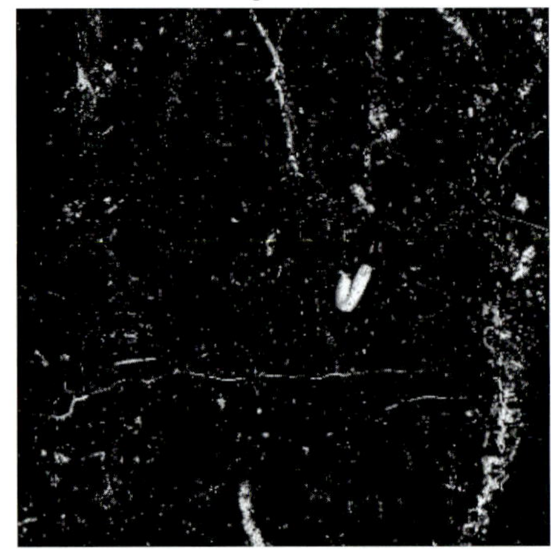

Nr.	Ort	Bodenart	Bodentiefe	Bewirtschaftung	Pd	Pd Bedeutung
2	Wallerstädten	Lehmiger Ton	20–32 cm	ZR, 2016 Pflug	3–4	wenig verdichtet

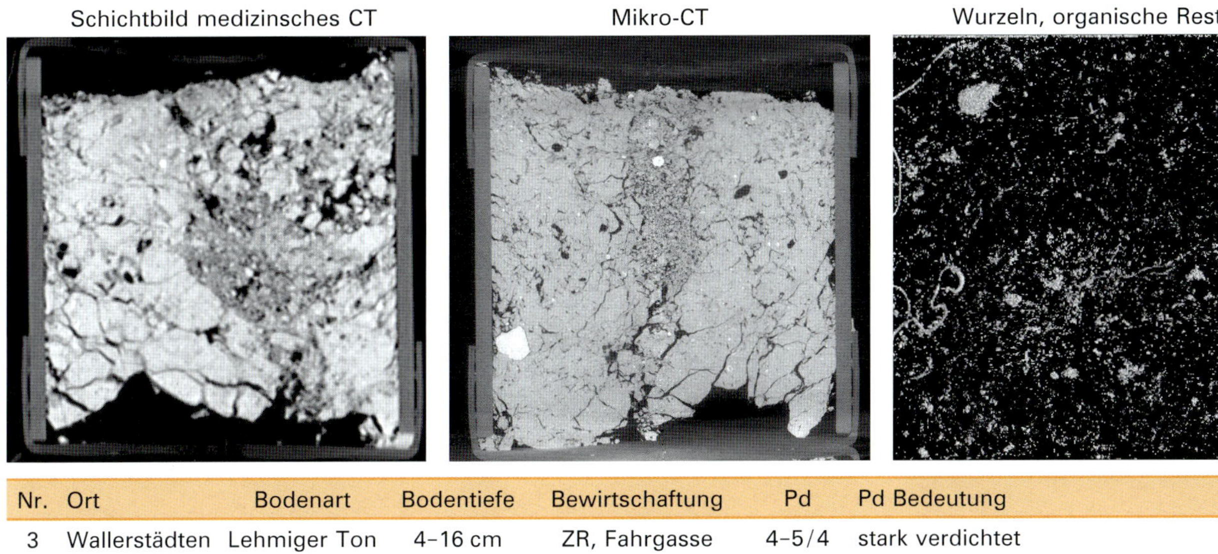

Nr.	Ort	Bodenart	Bodentiefe	Bewirtschaftung	Pd	Pd Bedeutung
3	Wallerstädten	Lehmiger Ton	4–16 cm	ZR, Fahrgasse	4–5/4	stark verdichtet

Nr.	Ort	Bodenart	Bodentiefe	Bewirtschaftung	Pd	Pd Bedeutung
4	Wallerstädten	Lehmiger Ton	20–32 cm	ZR, Fahrgasse	4	wenig verdichtet

Schichtbild medizinsches CT

Mikro-CT

Wurzeln, organische Reste

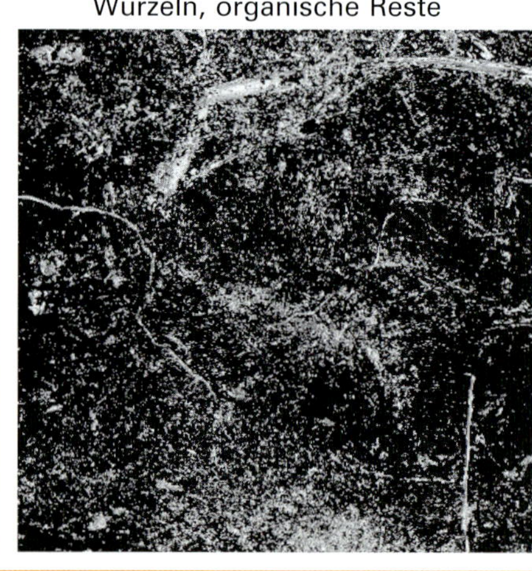

Nr.	Ort	Bodenart	Bodentiefe	Bewirtschaftung	Pd	Pd Bedeutung
5	Trebur	Lehmiger Ton	1–13 cm	WRaps, pfluglos	2–3/4	teils nicht, teils stark verdichtet

Schichtbild medizinsches CT

Mikro-CT

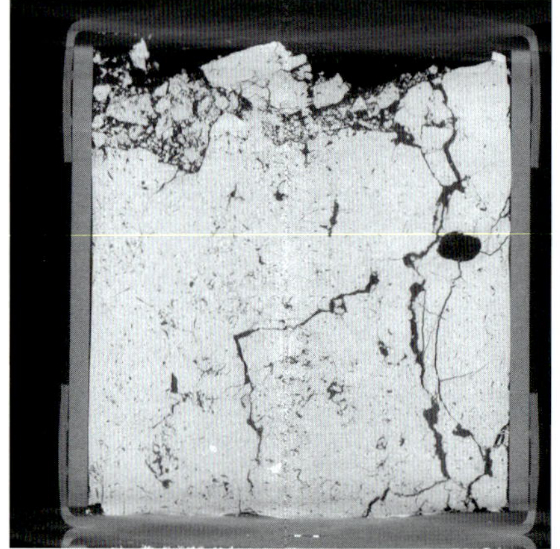

Wurzeln, organische Reste

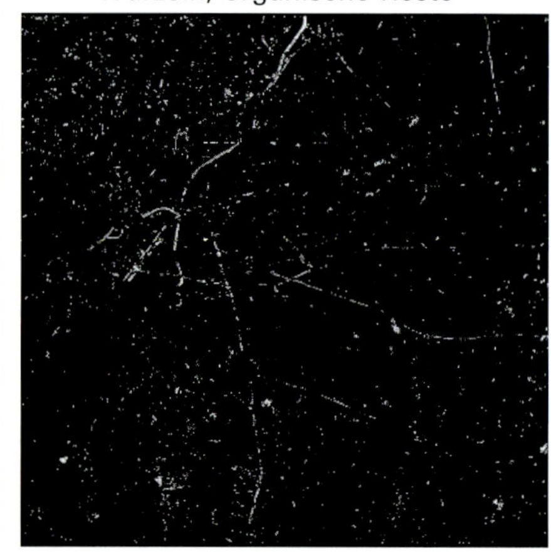

Nr.	Ort	Bodenart	Bodentiefe	Bewirtschaftung	Pd	Pd Bedeutung
6	Trebur	Lehmiger Ton	24–36 cm	WRaps, pfluglos	4–5	stark bis sehr stark verdichtet

Schichtbild medizinsches CT

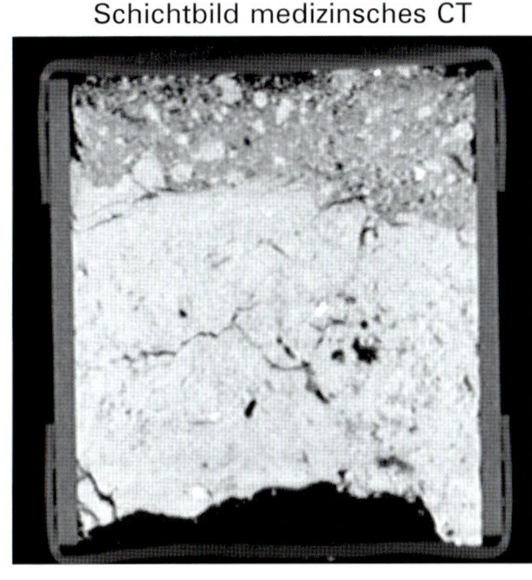

Mikro-CT

Wurzeln, organische Reste

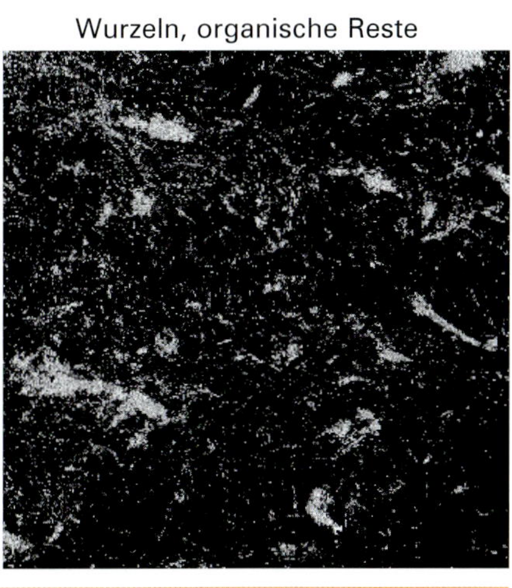

Nr.	Ort	Bodenart	Bodentiefe	Bewirtschaftung	Pd	Pd Bedeutung
7	Trebur	Lehmiger Ton	1–13 cm	WRaps, pfluglos	4–5	stark bis sehr stark verdichtet

Schichtbild medizinsches CT

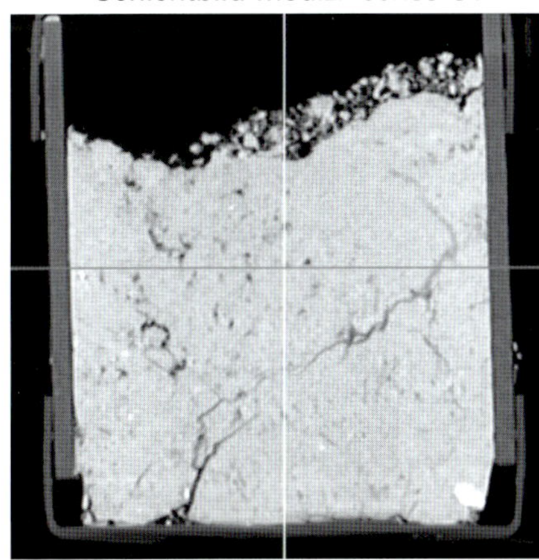

Mikro-CT

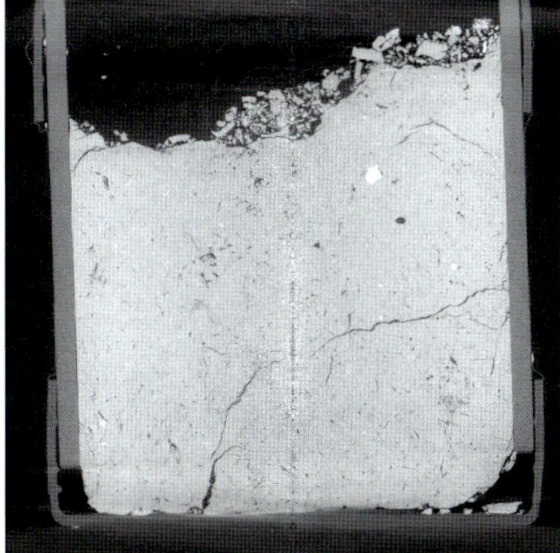

Wurzeln, organische Reste

Nr.	Ort	Bodenart	Bodentiefe	Bewirtschaftung	Pd	Pd Bedeutung
8	Trebur	Lehmiger Ton	14–26 cm	WRaps, pfluglos	4–5/4	stark bis sehr stark verdichtet

Schichtbild medizinsches CT

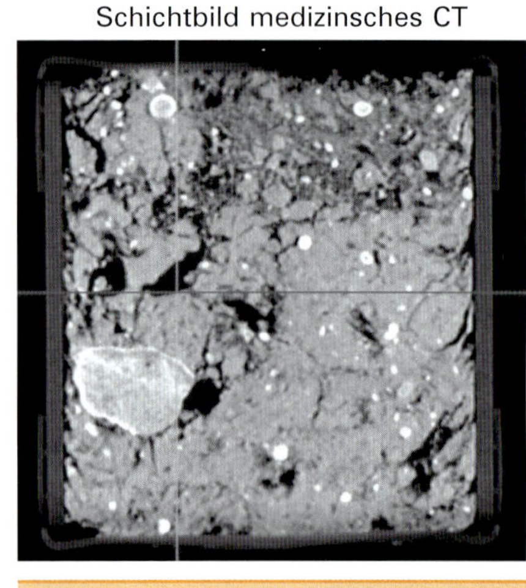

Mikro-CT

Wurzeln, organische Reste

Nr.	Ort	Bodenart	Bodentiefe	Bewirtschaftung	Pd	Pd Bedeutung
9	Lich	Löß	4–18 cm	WRaps, pfluglos	2–3	sehr günstige Struktur

Schichtbild medizinsches CT

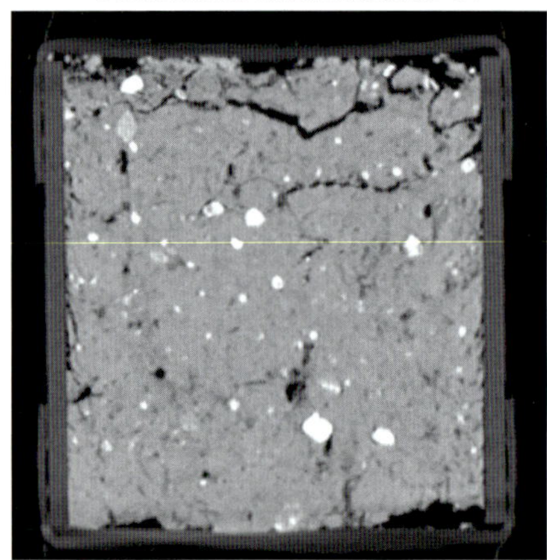

Mikro-CT

Wurzeln, organische Reste

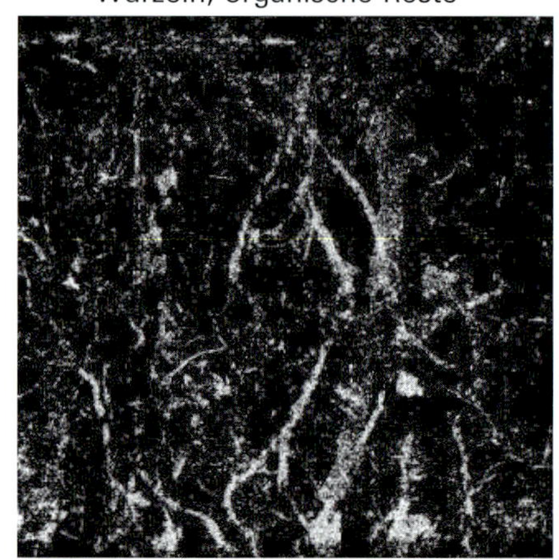

Nr.	Ort	Bodenart	Bodentiefe	Bewirtschaftung	Pd	Pd Bedeutung
10	Lich	Löß	23–35 cm	WRaps, pfluglos	2–3	sehr günstige Struktur

Ergebnis

Beim Vergleich der beiden Untersuchungsansätze ergaben sich gute Übereinstimmungen zwischen der Bestimmung der Packungsdichte und der digitalen Bodengefügeanalyse, bestehend aus vertikalen computertomographischen Schichtbildern und Wurzelbildern.

Hinsichtlich der Effektivität von medizinischer und Mikro-CT ist folgendes festzustellen: Der Informationsgehalt bei Mikro-CT ist erheblich höher, aber die wesentlichen Informationen über den Gefügezustand gibt es auch bei der medizinischen Computertomographie, welche billiger und erheblich schneller ist. Die Messzeit beträgt weniger als eine Sekunde gegenüber vielen Stunden Messung bei Mikro-CT. Von erheblicher Bedeutung ist die Größe der zu untersuchenden Proben. Während bei der medizinischen Methode auch größere Proben untersucht werden können, eignet sich die Mikro-CT vor allem für die Untersuchung von kleinen Proben. Für die systematische Erfassung von Zuständen des Bodengefüges wird daher die medizinische CT (siehe S. 25–28) empfohlen. Für spezielle Detailfragen, wie z. B. nach der Aggregierung oder der Wurzelarchitektur, ist allerdings die Mikro-CT unabdingbar.

Schlussfolgerung

Für die Gefügebeurteilung im Gelände hat sich die Bestimmung der Packungsdichte bewährt. Zur Beziehung zwischen Gefügeindikatoren der Packungsdichte und Röntgen-CT ist folgendes festzustellen: Die Röntgen-Computertomographie hat das Potential, die Packungsdichte zu präzisieren, zu »veredeln«, wenn damit die wichtigsten Merkmale – Lagerungsart der Aggregate, der Anteil biogener Makroporen und die Wurzelverteilung – penibler ermittelt werden sollen, als dies bei der Gefügebeurteilung im Gelände möglich ist.

Eine große Herausforderung für die Gefügebeurteilung ist die Bewertung der Unterkrume bei konservierender Bodenbearbeitung. Bodenphysiker diagnostizieren gerne eine Schadverdichtung, obwohl die Bodenfunktionen in der Regel hervorragend sind. Die Lagerungsart der Aggregate tendiert gegen 4, die Bioporen jedoch eher 2–3 (siehe S. 65). In diesen Fällen ist es wichtig, darauf zu achten, inwieweit die Durchwurzelung des darunterliegenden Bodens beeinträchtigt wird. Ist dies nicht der Fall, kann von keiner Schadverdichtung gesprochen werden. Eine Präzisierung der Bewertung durch Computertomographie erscheint deshalb für die Praxis sehr wichtig. Eine enge Beziehung zwischen der Packungsdichte und dem mittels Röntgen-CT ermittelten Gefügezustand könnte ermöglichen, durch neue KI-gestützte Auswertungsverfahren die Bestimmung der Packungsdichte als wichtigen Indikator für das Bodengefüge zu automatisieren.

Einfache Feldgefügeansprache für den Praktiker – eine Form der Spatendiagnose

Mit Hilfe der »Einfachen Feldgefügeansprache für den Praktiker« soll die Bodenstruktur im Feld bewertet werden, um Maßnahmen zur Vermeidung und Verminderung unerwünschter Wirkungen durch Bodenbearbeitung, Pflege und Ernte ableiten zu können.

Das Praxis-Tool wurde vom Thünen-Institut (Agrartechnologie) und der Gesellschaft für konservierende Bodenbearbeitung (GKB e.V.) unter Mitwirkung u.a. von der Landwirtschaftskammer Niedersachsen (BRUNOTTE et al. 2012) entwickelt und herausgegeben. Die Methode ist angelehnt an bestehende Methoden der Spatendiagnose.

Für die Feldgefügeansprache gräbt man eine kleine Grube mit einem Meter Länge, 50 cm Breite und etwa 50 cm Tiefe. Hierdurch ist es möglich, den Oberboden und den darunter liegenden Unterboden zu untersuchen. Mit wenigen Kennwerten kann der Landwirt erkennen, ob die Struktur seines Bodens in Ordnung ist oder der Boden Verdichtungsschäden aufweist. Die 6 Beurteilungsparameter, die in jeweils 5 Stufen bewertet werden, umfassen

- die Struktur der Oberfläche,
- die Durchwurzelung des Bodens,
- die Existenz von Makroporen/Bioporen,
- Gefüge und Verfestigung,
- organische Reststoffe und
- Farbe und Geruch.
- Die Kennwerte werden mit ++, +, 0, – und –– bewertet und in einem Gesamtscore von maximal 12 Punkten zusammengefasst.

Der Bewertungsbogen (DINA4) zur Beurteilung der Bodenstruktur wird in der Mitte eines Klemmbretts befestigt (Abb. 104). Das Klemmbrett (DINA3) enthält Fotos und Beschreibungen. Auf der Rückseite befinden sich eine genaue Anleitung und Beispiele für verschiedene Bodenarten. Diese Gefügeanspra-

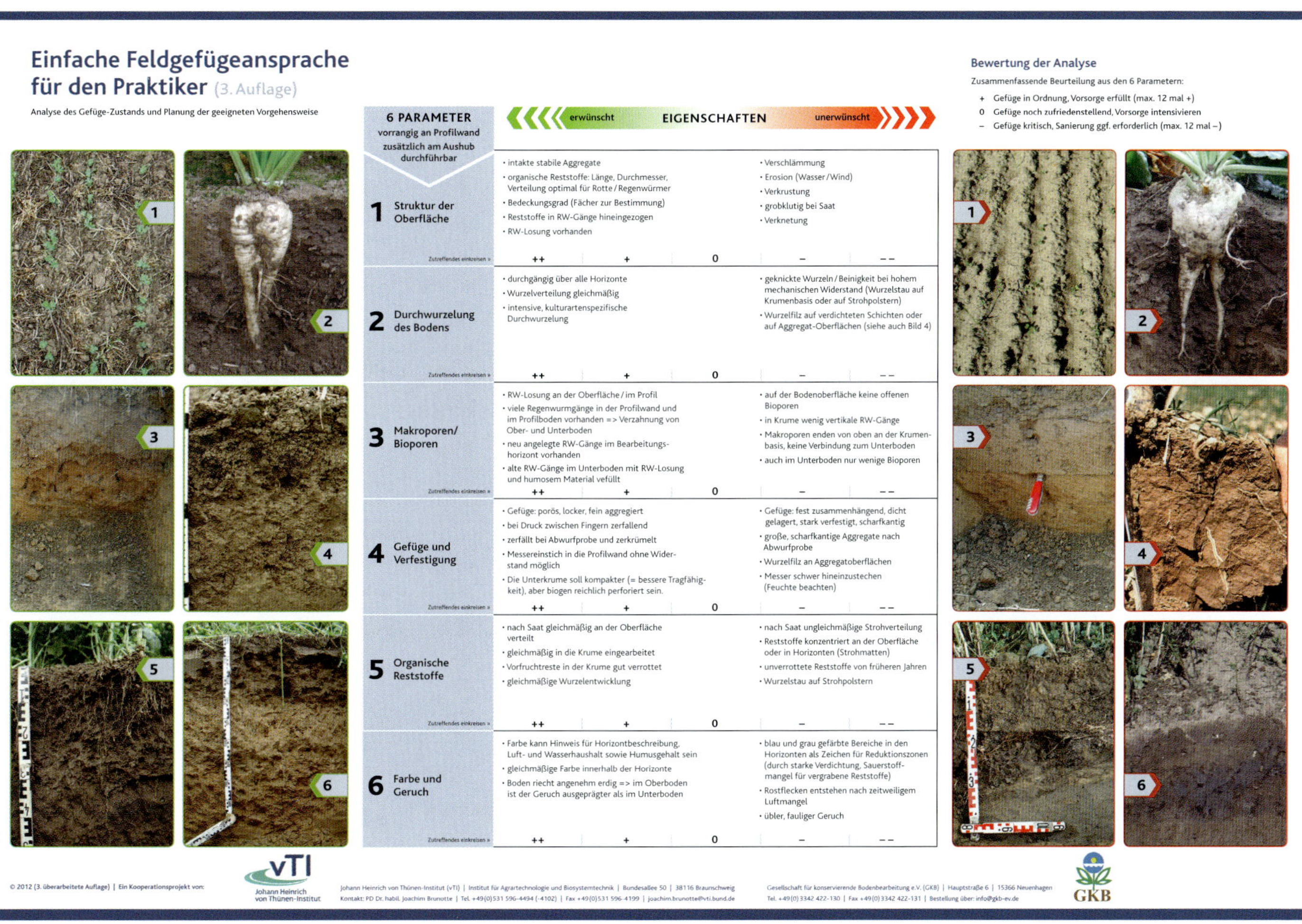

Einfache Feldgefügeansprache für den Praktiker (3. Auflage)

Analyse des Gefüge-Zustands und Planung der geeigneten Vorgehensweise

6 PARAMETER vorrangig an Profilwand zusätzlich am Aushub durchführbar	EIGENSCHAFTEN erwünscht	EIGENSCHAFTEN unerwünscht
1 Struktur der Oberfläche	• intakte stabile Aggregate • organische Reststoffe: Länge, Durchmesser, Verteilung optimal für Rotte / Regenwürmer • Bedeckungsgrad (Fächer zur Bestimmung) • Reststoffe in RW-Gänge hineingezogen • RW-Losung vorhanden	• Verschlämmung • Erosion (Wasser / Wind) • Verkrustung • grobklutig bei Saat • Verknetung
Zutreffendes einkreisen »	++ + 0	– – –
2 Durchwurzelung des Bodens	• durchgängig über alle Horizonte • Wurzelverteilung gleichmäßig • intensive, kulturartenspezifische Durchwurzelung	• geknickte Wurzeln / Beinigkeit bei hohem mechanischen Widerstand (Wurzelstau auf Krumenbasis oder auf Strohpolstern) • Wurzelfilz auf verdichteten Schichten oder auf Aggregat-Oberflächen (siehe auch Bild 4)
Zutreffendes einkreisen »	++ + 0	– – –
3 Makroporen/ Bioporen	• RW-Losung an der Oberfläche / im Profil • viele Regenwurmgänge in der Profilwand und im Profilboden vorhanden => Verzahnung von Ober- und Unterboden • neu angelegte RW-Gänge im Bearbeitungs-horizont vorhanden • alte RW-Gänge im Unterboden mit RW-Losung und humosem Material verfüllt	• auf der Bodenoberfläche keine offenen Bioporen • in Krume wenig vertikale RW-Gänge • Makroporen enden von oben an der Krumenbasis, keine Verbindung zum Unterboden • auch im Unterboden nur wenige Bioporen
Zutreffendes einkreisen »	++ + 0	– – –
4 Gefüge und Verfestigung	• Gefüge: porös, locker, fein aggregiert • bei Druck zwischen Fingern zerfallend • zerfällt bei Abwurfprobe und zerkrümelt • Messereinstich in die Profilwand ohne Widerstand möglich • Die Unterkrume soll kompakter (= bessere Tragfähigkeit), aber biogen reichlich perforiert sein.	• Gefüge: fest zusammenhängend, dicht gelagert, stark verfestigt, scharfkantig • große, scharfkantige Aggregate nach Abwurfprobe • Wurzelfilz an Aggregatoberflächen • Messer schwer hineinzustechen (Feuchte beachten)
Zutreffendes einkreisen »	++ + 0	– – –
5 Organische Reststoffe	• nach Saat gleichmäßig an der Oberfläche verteilt • gleichmäßig in die Krume eingearbeitet • Vorfruchtreste in der Krume gut verrottet • gleichmäßige Wurzelentwicklung	• nach Saat ungleichmäßige Strohverteilung • Reststoffe konzentriert an der Oberfläche oder in Horizonten (Strohmatten) • unverrottete Reststoffe von früheren Jahren • Wurzelstau auf Strohpolstern
Zutreffendes einkreisen »	++ + 0	– – –
6 Farbe und Geruch	• Farbe kann Hinweis für Horizontbeschreibung, Luft- und Wasserhaushalt sowie Humusgehalt sein • gleichmäßige Farbe innerhalb der Horizonte • Boden riecht angenehm erdig => im Oberboden ist der Geruch ausgeprägter als im Unterboden	• blau und grau gefärbte Bereiche in den Horizonten als Zeichen für Reduktionszonen (durch starke Verdichtung, Sauerstoffmangel für vergrabene Reststoffe) • Rostflecken entstehen nach zeitweiligem Luftmangel • übler, fauliger Geruch
Zutreffendes einkreisen »	++ + 0	– – –

Bewertung der Analyse

Zusammenfassende Beurteilung aus den 6 Parametern:

- \+ Gefüge in Ordnung, Vorsorge erfüllt (max. 12 mal +)
- 0 Gefüge noch zufriedenstellend, Vorsorge intensivieren
- – Gefüge kritisch, Sanierung ggf. erforderlich (max. 12 mal –)

© 2012 (3. überarbeitete Auflage) | Ein Kooperationsprojekt von: vTI Johann Heinrich von Thünen-Institut | GKB

Johann Heinrich von Thünen-Institut (vTI) | Institut für Agrartechnologie und Biosystemtechnik | Bundesallee 50 | 38116 Braunschweig
Kontakt: PD Dr. habil. Joachim Brunotte | Tel. +49(0)531 596-4494 (-4102) | Fax +49(0)531 596-4199 | joachim.brunotte@vti.bund.de
Gesellschaft für konservierende Bodenbearbeitung e.V. (GKB) | Hauptstraße 6 | 15366 Neuenhagen
Tel. +49(0)3342 422-130 | Fax +49(0)3342 422-131 | Bestellung über: info@gkb-ev.de

Abb. 104. Klemmbrett der »Einfachen Feldgefügeansprache für den Praktiker«, Vorderseite.

che kann bei der GKB käuflich erworben werden oder bei der Landwirtschaftskammer Niedersachsen eingesehen werden: https://www.lwk-niedersachsen.de/services/download.cfm?file=32976.

Vergleich der »Gefügeanalyse mit Hilfe der Röntgen-CT« mit der »Einfachen Feldgefügeansprache«

Abb. 105. Luftbild des Praxisversuchs Lietzen mit Darstellung der Transektpunkte für den Vergleich zwischen CT-Analyse und der Einfachen Feldgefügeansprache (blau).

Im Praxisversuch Lietzen wurde im November 2019 die Einfache Feldgefügeansprache parallel zur digitalen Bodengefügeanalyse mit medizin. CT (IZW, Fritsch) an 10 Parzellen unter reduzierter Bodenbearbeitung entlang des Mittelstreifens (reduzierte, nicht wendende Bodenbearbeitung, siehe Abb. 105) durchgeführt. Die Einfache Gefügeansprache erfolgte durch Frau Dr. Jana Epperlein (GKB e.V.). Die Ergebnisse sind auf S. 164–168 dargestellt: links die CT-Bilder, daneben die Ergebnisse und (soweit vorhanden) Fotos der Gefügeansprache.

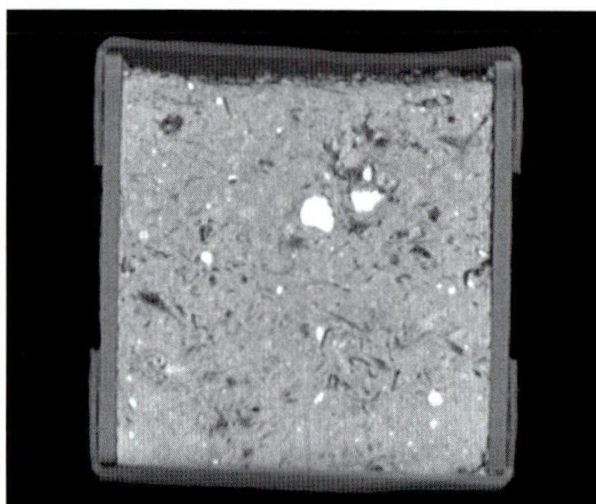

Parzelle: 6922/1

RW-Gänge im CT-Schichtbild: 2

Ergebnis Gefügeansprache

- Oberfläche +
- Durchwurzelung ++
- Bioporen –
- Verfestigung ++
- Farbe/Geruch ++
- Makroporen/Bioporen –

Gesamtscore 8+

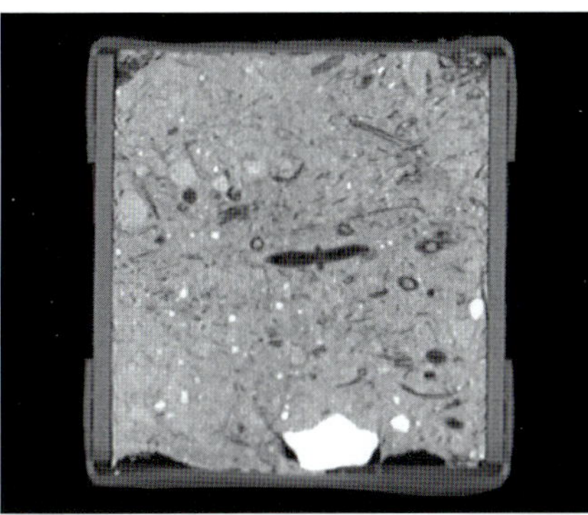

Parzelle: 6923/2
RW-Gänge im CT-Schichtbild: 2

Ergebnis Gefügeansprache

- Oberfläche +
- Durchwurzelung ++
- Bioporen –
- Verfestigung ++
- Farbe/Geruch ++
- Makroporen/Bioporen –

Gesamtscore 8+

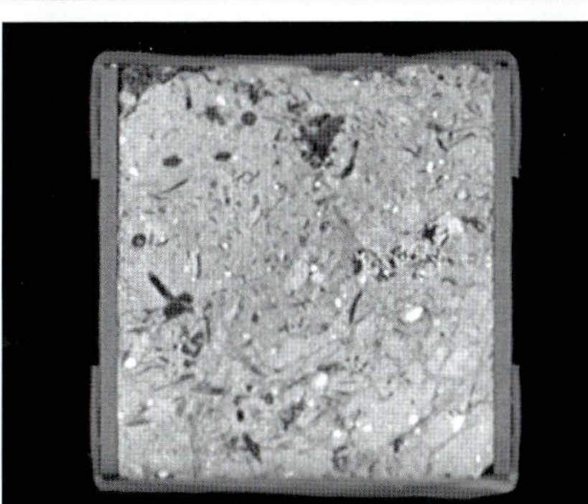

Parzelle: 6924/3
RW-Gänge im CT-Schichtbild: 3

Ergebnis Gefügeansprache

- Oberfläche +
- Durchwurzelung ++
- Bioporen –
- Verfestigung ++
- Farbe/Geruch ++
- Makroporen/Bioporen –

Gesamtscore 8+

Parzelle: 6925/4
RW-Gänge im CT-Schichtbild: 1

Ergebnis Gefügeansprache

- Oberfläche +
- Durchwurzelung ++
- Bioporen +
- Verfestigung ++
- Farbe/Geruch +
- Makroporen/Bioporen –

Gesamtscore 9

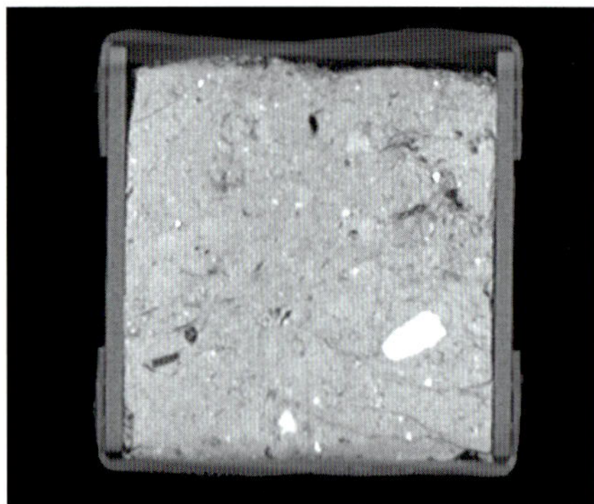

Parzelle: 6926/5
RW-Gänge im CT-Schichtbild: 1
Ergebnis Gefügeansprache

- Oberfläche +
- Durchwurzelung ++
- Bioporen +
- Verfestigung ++
- Farbe/Geruch +
- Makroporen/Bioporen: -

Gesamtscore 9

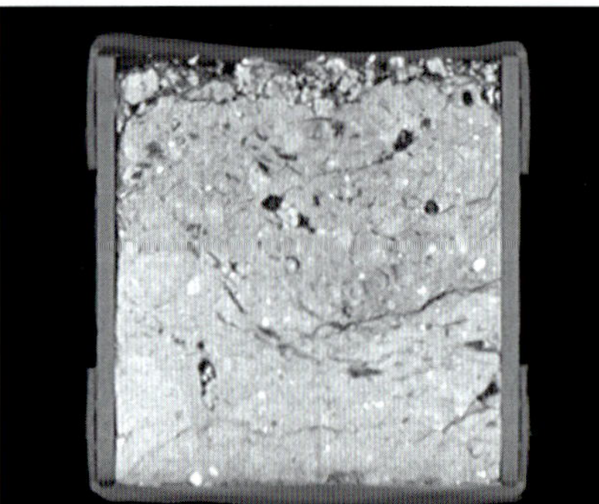

Parzelle: 6927/6
RW-Gänge im CT-Schichtbild: 2
Ergebnis Gefügeansprache

- Oberfläche ++
- Durchwurzelung ++
- Bioporen ++
- Verfestigung ++
- Farbe/Geruch ++
- Makroporen/Bioporen: ++

Gesamtscore 12

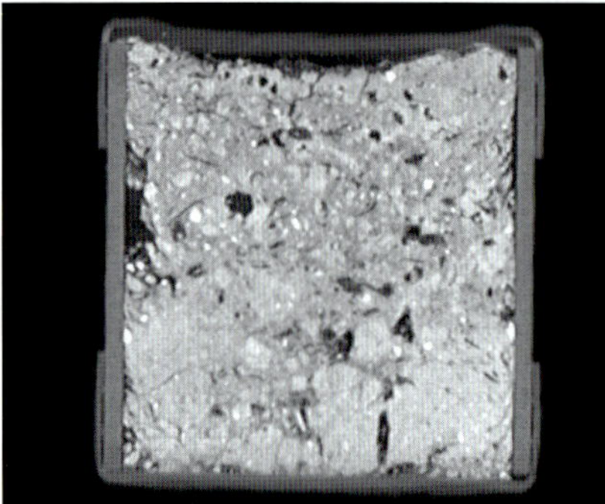

Parzelle: 6928/7
RW-Gänge im CT-Schichtbild: 4
Ergebnis Gefügeansprache

- Oberfläche +
- Durchwurzelung ++
- Bioporen ++
- Verfestigung ++
- Farbe/Geruch ++
- Makroporen/Bioporen: ++

Gesamtscore 11

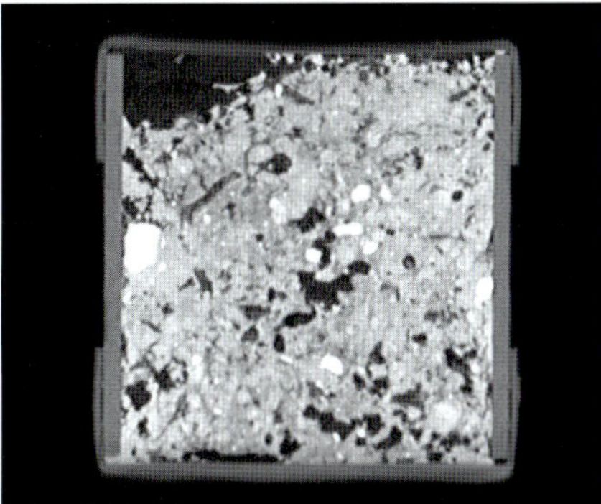

Parzelle: 6929/8
RW-Gänge im CT-Schichtbild: 5
Ergebnis Gefügeansprache
- Oberfläche + +
- Durchwurzelung ++
- Bioporen ++
- Verfestigung ++
- Farbe/Geruch ++
- Makroporen/Bioporen: ++

Gesamtscore 12

Parzelle: 6930/9
RW-Gänge im CT-Schichtbild: 2
Ergebnis Gefügeansprache
- Oberfläche +
- Durchwurzelung +
- Bioporen 0
- Verfestigung ++
- Farbe/Geruch ++
- Makroporen/Bioporen: +

Gesamtscore 7

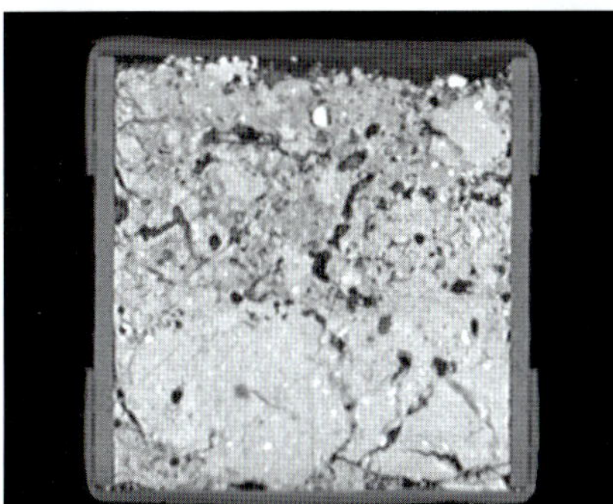

Parzelle: 6931/10
RW-Gänge im CT-Schichtbild: 5
Ergebnis Gefügeansprache
- Oberfläche ++
- Durchwurzelung ++
- Bioporen ++
- Verfestigung ++
- Farbe/Geruch ++
- Makroporen/Bioporen: ++

Gesamtscore 12

Ergebnis

Der Bodengefügezustand wird mit beiden Untersuchungsansätzen ähnlich bewertet. Dies gilt vor allem hinsichtlich der Ausprägung der Makroporen/Bioporen, die eine große funktionelle Bedeutung haben. Der Informationsgehalt der Röntgen-CT ist im Hinblick auf die Quantifizierung der Makroporosität und des Aggregierungszustandes in 3D größer als bei der auf der Spatendiagnose beruhenden »Einfachen Feldgefügeansprache«. Eine quantitative Analyse der CT-Daten wurde allerdings bisher noch nicht durchgeführt. Die Zahl der Bioporen als Indikator der Regenwurmaktivität wird an diesem Standort maßgeblich vom Tongehalt des Bodens beeinflusst (JOSCHKO et al. 2009).

Eine erste Ansprache des Bodengefüges mittels dieser einfachen Feldmethode ist in jedem Fall empfehlenswert. Sie kann dazu dienen, gegebenenfalls den Ort für weitergehende Untersuchungen des Gefüges mit der Röntgen-CT festzulegen.

Der Vorteil der »Einfachen Feldgefügeansprache« ist die Einfachheit der Methode, mit 6 Parametern, die im Feld und ohne weitere Hilfsmittel bestimmt werden können. Die Röntgen-CT, die erheblich aufwendiger ist, liefert neben einer Quantifizierung von Gefügekenngrößen wertvolle Informationen z. B. über die Architektur des Makroporenraumes und des Wurzelsystems. Diese sind Voraussetzung für eine ganzheitliche Bewertung des Bodengefüges.

Empfehlung

Beide Verfahren sollten, wenn möglich, parallel angewendet werden: die »Einfache Feldgefügeansprache« für das schnelle Screening und die Röntgen-CT für die detaillierte und quantitative Analyse des Bodengefüges. Eine vorausgehende Analyse der Bodenoberfläche und eine Bewertung des Verschlämmungsgrades erlaubt die Auswahl von repräsentativen Stellen.

ANLEITUNG ZUR BONITIERUNG DES VERSCHLÄMMUNGSGRADES VON ACKERBÖDEN

Tamas Harrach, Bernhard Keil und Stephan Sauer

Bodenbearbeitung und natürliche Vorgänge wie Schrumpfung und Quellung, Frost sowie biologische Tätigkeit – vor allem durch Regenwürmer und Wühltiere – erzeugen Bodenaggregate, die durch Niederschläge mehr oder weniger abgeschliffen bzw. zerstört werden. Je weniger Stabilität sie aufweisen, umso leichter verschlämmen (»zerfließen«) die Aggregate »wie Softeis«.

Der Grad der Verschlämmung – ermittelt nach stärkeren Niederschlägen – ist ein Spiegelbild der Gefügestabilität und der Regenverdaulichkeit. Er ist ein hervorragender Indikator, um die Qualität der Bodenstruktur zu kennzeichnen.

Folgende Merkmale sind zu berücksichtigen, um den Verschlämmungsgrad einzustufen (ROTH 1992; ROTH 1996; BERKENHAGEN 1996; SAUER & HARRACH 2002; HEITZMANN 2003; HARRACH et al. 2003):

1) Flächenanteil der noch erkennbaren Aggregate und der Zwischenräume zwischen den Aggregaten. Auch die Anzahl von offenen Regenwurmgängen ist abzuschätzen.
2) Flächenanteil der Sedimentkruste, die aus der Substanz zerstörter und zerflossener Aggregate zunächst in den Vertiefungen der Bodenoberfläche entsteht, sich mit zunehmender Verschlämmung ausdehnt, bis sie die Gesamtfläche bedeckt.

Auf der Oberfläche des Ackerbodens lassen sich drei Bereiche unterscheiden:

1) Bereiche mit deutlich erkennbaren Aggregaten,
2) kohärente Bereiche, die auf der Oberfläche keine Aggregierung mehr erkennen lassen, ohne mit Verschlämmungssediment bedeckt zu sein und
3) mit einer Sedimentkruste bedeckte Bereiche.

Das Vorhandensein von Aggregaten ist ein Indikator ihrer Stabilität, während der Flächenanteil einer Sedimentkruste anzeigt, in welchem Ausmaß Aggregate nicht stabil genug waren und zerflossen sind. Nach diesen beiden Kriterien lässt sich der Verschlämmungsgrad nach Tabelle 4 einstufen. Der jeweilige Verschlämmungsgrad hängt wesentlich vom Witterungsablauf ab und ändert sich besonders bei Starkniederschlägen. Aber auch die Gefügestabilität hat einen erheblichen Einfluss, sowie die Bedeckung des Bodens mit Mulch und Pflanzenbewuchs.

Abb. 106. Bei geringer biologischer Aktivität starke Verschlämmung mit geringer Regenverdaulichkeit.

Abb. 107. Bei hoher biologischer Aktivität geringe Verschlämmung mit hoher Regenverdaulichkeit.

Die vergleichende Bonitierung des Verschlämmungsgrades nach besonderen Witterungsereignissen ist höchst aufschlussreich. Dann zeigen sich die Einflüsse etwa unterschiedlicher Bodenbearbeitung, unterschiedlicher Düngung oder Bodenbedeckung auf der Bodenoberfläche. Eine Begehung unterschiedlich bewirtschafteter Flächen liefert bei Beachtung der o.g. Verschlämmungsmerkmale ungeahnte Erkenntnisse.

Von höher gelegenen Stellen, teils von anderen Schlägen angespültes Bodenmaterial weist ebenfalls Merkmale einer Verschlämmungskruste auf. Hierbei handelt es sich um eine besondere Kategorie, nämlich um kolluviale (»angespülte«) Ablagerung. In solchen Fällen kann man von allochthonen Sedimentkrusten sprechen im Unterschied zu den gewöhnlichen – autochthonen – Sedimentkrusten.

In der Fachliteratur zur Verschlämmung wird außer der o.g. Sedimentkruste auch die sogenannte **Regenschlagskruste** beschrieben, die gleich in der ersten Phase des Verschlämmungsprozesses beim ersten Regen auf der Oberfläche der Aggregate durch Wassereinwirkung gebildet wird. Nach unseren jüngeren Beobachtungen verklebt diese Kruste die Aggregate an der Bodenoberfläche, wodurch diese stabiler wird.

Beschreibung der Verschlämmungsgrade	Flächenanteile in %	
	Einzelaggregate	Sedimentkruste
nicht verschlämmt (V0) Aggregate nicht oder kaum gerundet und nicht zusammenhängend, viele offene Aggregatzwischenräume	100	0
sehr schwach verschlämmt (V1) Aggregate durch Niederschläge etwas gerundet (abgetragen) und etwas zusammenhängend, noch viele offene Aggregatzwischenräume	> 70	0–10
schwach verschlämmt (V2) Aggregate gerundet und zusammenhänged, offene Aggregatzwischenräume	> 50	10–30
mittel verschlämmt (V3) Aggregate deutlich gerundet und meist zusammenhängend, nur wenige offene Aggregatzwischenräume	< 50	30–50
stark verschlämmt (V4) Nur wenige Aggregate erkennbar und stark zusammenhängend, praktisch keine offenen Aggregatzwischenräume	< 30	50–70
sehr stark verschlämmt (V5) Keine Aggregate erkennbar	0	70–90
extrem stark verschlämmt (V6) Keine Aggregate erkennbar	0	> 90

Tabelle 4. Bonitierungsschlüssel für Verschlämmungsgrade.

In der Fachliteratur wurde diese Kruste bisher als nicht durchlässig beschrieben. Dadurch soll die Verschlämmung und die Erosion beschleunigt worden sein. Nach unseren aktuellen Beobachtungen stellt diese Kruste aber bei günstigem Kulturzustand kein Hindernis für die Infiltration dar. Sie ist bei hoher biologischer Aktivität offensichtlich ausreichend permeabel und gleichzeitig so stabil, dass sie die fortschreitende Verschlämmung ausbremst. Die Bezeichnung Regenschlagskruste halten wir aus heutiger Sicht für irreführend, da sie bereits durch eine erste Befeuchtung entsteht. Wir schlagen daher die Bezeichnung **Befeuchtungskruste** vor.

Nach einer feuchten Witterungsphase kann häufig beobachtet werden, dass diese Kruste von Mikroorganismen bzw. Algen bewachsen wird. Die Aggregate schimmern dann leicht grünlich. Dieser Bewuchs erhöht vermutlich die Stabilität der Kruste.

Abb. 108. Rillenerosion durch Verschlämmung der Oberfläche.

Nimmt man von einem solchen Boden einen Brocken vorsichtig in die Hand, kann der frisch abgebrochene Rand des Brockens mit der Befeuchtungskruste verglichen werden. Dann wird die Existenz der Kruste deutlich und ihre oft nur hauchdünne Mächtigkeit ersichtlich.

Ist auf einem Feld eine Sedimentkruste vorhanden, kann aus dem Boden mit einem Messer oder Kittmesser ein kleiner Block herausgeschnitten werden. Mit oder ohne Lupe wird man einen großen Unterschied zwischen den beiden Krusten sehen.

Das wunderbare Phänomen der Befeuchtungskruste hilft, es zu begreifen, warum die Bodenstruktur bei Bodenruhe so stabil sein kann. Erfolgt aber ein mechanischer Eingriff, eine Bodenbearbeitung, wird diese wertvolle Kruste zerstört und die Erosionsgefahr um ein vielfaches erhöht.

Gut sichtbare Merkmale der biologischen Aktivität sind offene Regenwurmgänge auf der Bodenoberfläche. Bei hoher biologischer Aktivität sind nach der Aussaat teils bereits nach einigen Tagen solche Bioporen an der Bodenoberfläche zu erkennen. Dort, wo kleinere sternförmige übereinander geschichtete Strohreste liegen, befinden sich meist Regenwurmgänge.

FAZIT UND AUSBLICK

Die Methode der digitalen Bodengefügeanalyse mittels Röntgen-Computertomographie stellt eine hochmoderne Technik zur detaillierten Charakterisierung des Gefügezustandes von Böden dar.

Im Gegensatz zu herkömmlichen Methoden wie Spatendiagnose und Feldgefügeansprache erlaubt die Röntgen-Computertomographie eine präzise quantitative Bewertung verschiedener Aspekte des Bodengefüges und seiner Einflussfaktoren. Dies ermöglicht nicht nur die Erfassung des Ist-Zustandes, sondern auch eine fundierte Abschätzung der Konsequenzen für die verschiedenen Bodenfunktionen. Schließlich lassen sich Zielwerte für die Bodenstruktur ableiten, die als integrative Indikatoren für die Bodengesundheit dienen können. Es ist zu erwarten, dass durch zukünftige technologische Entwicklungen die Anwendung der Röntgen-CT auf Ackerböden auch für den Praktiker nutzbar gemacht wird.

HARRACH (2010b, 2011) hat Kriterien für ein »anzustrebendes Bodengefüge« formuliert, die auf detaillierten Merkmalen der Bodenstruktur beruhen. Diese Merkmale beziehen sich auf die einzelnen Bodentiefen, einschließlich der Bodenoberfläche, der Oberkrume, der Unterkrume, des krumennahen Unterbodens und des Unterbodens insgesamt. Bei einer solchen Differenzierung bietet die Röntgen-Computertomographie einen umfassenden Einblick in die Bodenstruktur und ermöglicht eine gezielte Verbesserung durch landwirtschaftliche Maßnahmen.

Ein »anzustrebendes Bodengefüge« sollte deshalb in naher Zukunft auch für die digitale Bodenstrukturanalyse mittels Röntgen-Computertomographie definiert werden. Die ersten Ansätze dafür sind vorhanden und werden hier vorgestellt.

Aus bodenökologischer Sicht liefert die digitale Bodengefügeanalyse mittels Röntgen-Computertomographie ein Abbild der Selbstregulationskraft eines bestimmten Bodens, getragen durch die Bodenorganismen und Wurzeln, unter den Bedingungen der jeweiligen Bewirtschaftung.

Die DIWELA-Bodenstrukturanalyse bietet so vertiefte Möglichkeiten für die Bewertung landwirtschaftlicher Maßnahmen. Diese sollte sich nicht allein auf deren Auswirkungen auf klassische Ökosystemfunktionen oder »Ökosystemdienstleistungen« wie Ertrag, Humusvorrat oder Anzahl der Bodenorganismen stützen. Ein entscheidendes Kriterium für eine ganzheitliche Bewertung von landwirtschaftlichen Maßnahmen ist vielmehr die direkte Beobachtung der Zustände im Boden mit allen hier angesprochenen Teilaspekten.

Abb. 108. Anzustrebendes Bodengefüge (HARRACH 2011).

Es ist sogar davon auszugehen, dass eine ganzheitliche Beurteilung von Bewirtschaftungsmaßnahmen zur Förderung der Bodengesundheit nur dann möglich ist, wenn die direkte Beobachtung als »Korrektiv der Realität« (ALTEMÜLLER) einbezogen wird. Dieses umfassende Verständnis ermöglicht es Landwirten und Entscheidungsträgern, nicht nur auf Einzelaspekte oder ökologische Summenparameter zu reagieren, sondern auch auf subtilere, im Boden ablaufende Prozesse, die für die langfristige Bodengesundheit von entscheidender Bedeutung sind.

Um ein umfassendes Verständnis für die Zusammenhänge im Boden zu entwickeln, ist es von entscheidender Bedeutung, den Boden nicht nur theoretisch zu betrachten, sondern ihn direkt zu untersuchen und zu erleben. Durch direkte Beobachtungen und praktische Erfahrungen können wir Einblicke in die komplexen Vorgänge im Boden gewinnen und so fundierte Kenntnisse über seinen Aufbau, seine Zusammensetzung und seine Funktionen erlangen.

Die Arbeiten im Rahmen von DIWELA stellen einen ersten Schritt zur Bewertung der Bodengesundheit anhand des Bodengefügezustandes dar. Weitere systematische Untersuchungen sollen folgen, um ein effektives Diagnoseinstrument für die Praxis zu entwickeln. Dieses Werkzeug sollte auf der Visualisierung und Quantifizierung des Bodengefüges und der verschiedenen Teilgefüge (Bioporen, Wurzeln, usw.) basieren.

ZUSAMMENFASSUNG

Die Anwendung der digitalen Bodengefügeanalyse mittels Röntgen-Computertomographie stellt eine fortschrittliche Methode dar, um den Gefügezustand unterschiedlich genutzter Böden in qualitativer und quantitativer Hinsicht zu untersuchen. Diese innovative Technologie ermöglicht:

1) Die Beurteilung des Bodengefügezustandes: Durch die detaillierte Darstellung der Bodenstruktur können spezifische Merkmale und Zustände des Bodens identifiziert werden.

2) Die Analyse von Bewirtschaftungseffekten: Jedes Anbausystem hinterlässt einen einzigartigen »Fingerabdruck« im Bodengefüge, der objektiv und quantifizierbar ist. Ähnliche Bewirtschaftungsmethoden führen bei vergleichbaren Böden zu ähnlichen Strukturen im Bild des Bodengefüges.

3) Die Quantifizierung von Biodiversitätsleistungen im Boden: Die Röntgen-Computertomographie ermöglicht die genaue Messung von Aktivitäten, wie beispielsweise der Regenwurmaktivität, und bietet somit Einblicke in die Biodiversität des Bodens und ihrer Wirkungen.

4) Die Ableitung von Handlungsempfehlungen für den Landwirt: Aufgrund der ermittelten Daten können konkrete Empfehlungen zur Optimierung des Bodengefügezustands und zur Steigerung der Bodengesundheit abgeleitet werden.

Die digitalisierte Analyse des Bodengefüges kann somit als Grundlage für ein neues, objektives Bewertungssystem landwirtschaftlicher Maßnahmen dienen.

Die Ergebnisse der DIWELA-Befunde zeigen die entscheidenden Faktoren zur Stabilisierung des Bodengefüges: insbesondere die **Reduzierung der Bodenbearbeitung** und die **Förderung der Lebendverbauung durch die Zufuhr pflanzlicher Erntereste und ausreichende Kalkung** stellen den Kern erfolgreicher Maßnahmen dar.

Bodenruhe erweist sich dabei als noch wichtiger als der Zwischenfruchtanbau, da die Nachteile, die bei jeder Bodenbearbeitung eintreten, indem Bodenorganismen durch den mechanischen Eingriff beeinträchtigt und Bioporen zerstört werden, durch die Fruchtfolge nicht kompensiert werden können. Die Verringerung der Bodenbearbeitung fördert das Bodenleben, vor allem das der Regenwürmer, und optimiert die Bodenstruktur für eine verbesserte Widerstandsfähigkeit gegenüber extremen Witterungsbedingungen wie Dürre oder Starkregen.

Die Bedeutung des Bodenbearbeitungssystems für das Bodenleben, einschließlich Regenwürmern und Mikroorganismen, zeigte sich als entscheidender Faktor in verschiedenen Böden und Untersuchungszusammenhängen. Direktsaat als maximale Reduktion der Bodenbearbeitung wirkt sich positiv auf Regenwürmer, Collembolen und Milben aus, wobei die Eignung für sandige Böden im Vergleich zu quellfähigen Böden geringer ist. Ein zukunftsträchtiges Bodenbearbeitungssystem ist die Streifensaat.

Die Röntgen-Computertomographie eröffnet neue Perspektiven für die Charakterisierung des Bodengefügezustandes. Dieser wird sowohl von der Bodenart als auch von der Bodenbewirtschaftung und Bodenbiodiversität geprägt. Moderne digitale Techniken wie diese tragen entscheidend zur Verbesserung der Bodencharakterisierung bei und können die Bewirtschaftung in Zukunft verstärkt unterstützen. Eine Kombination der Röntgen-Computertomographie mit traditionellen Methoden der Gefügeansprache (Spatendiagnose, S. 154, Bonitur der Bodenoberfläche, S. 169) ist zu wünschen.

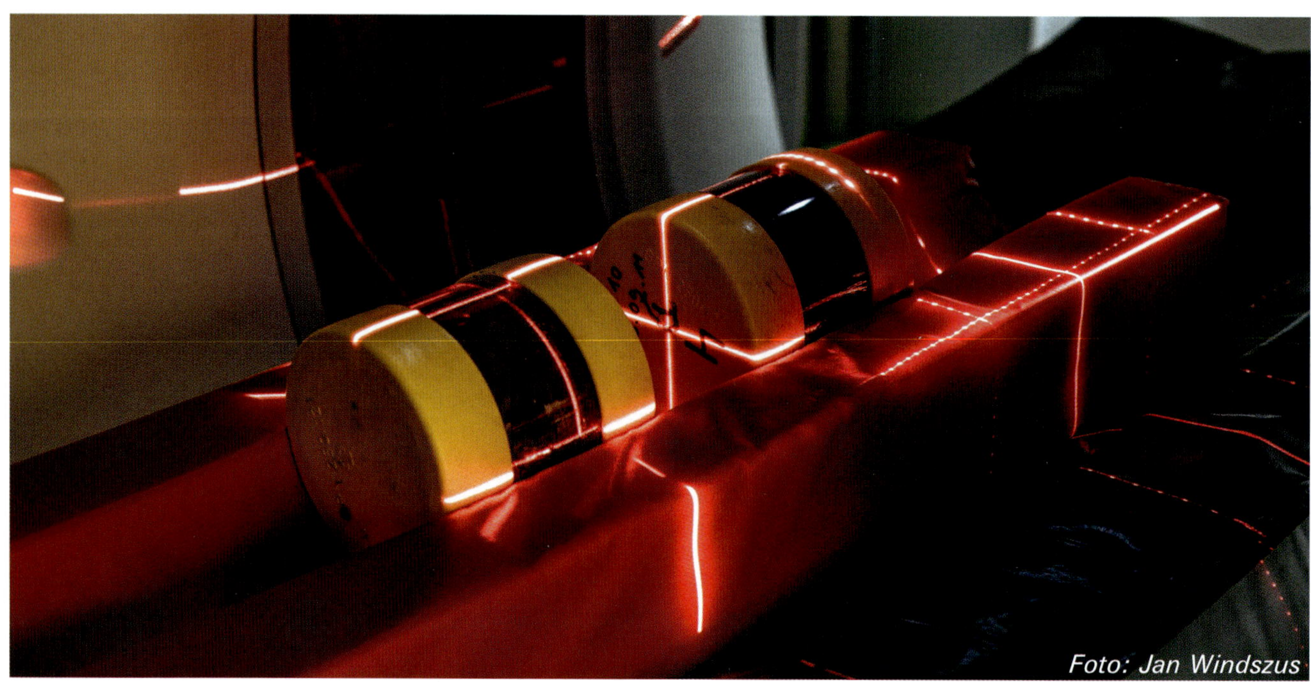

Foto: Jan Windszus

DANK

Der Gefügeatlas ist ein Gemeinschaftswerk, das nur durch das Engagement, den Mut und die Freude aller Beteiligten zustande gekommen ist. Wir danken den Vielen, die uns dabei geholfen haben!

Herzlichen Dank an Dr. Friedrich Pfeil und Dr. Maximilian Scheungrab vom Friedrich-Pfeil Verlag für die Bereitschaft, unser Manuskript zu verlegen. Wir danken ihnen für ihre kritische Begleitung, ihre stete Ermutigung und ihre unermüdliche Geduld.

Ein großes Dankeschön an die Landwirtschaftliche Rentenbank, Frankfurt/Main für die langjährige gute Zusammenarbeit, für die gute Betreuung, besonders auch durch Herrn Andreas Mücke und Frau Simone Frenken, und für die finanzielle Unterstützung des DIWELA-Projektes, welches die Grundlage für den Gefügeatlas darstellt.

Wir danken der agrathaer GmbH für die Unterstützung unseres Forschungsansatzes, ihre große Hilfe bei Antragstellung und Projektdurchführung und für die exzellente Umsetzung der Forschungsergebnisse im Rahmen von nationalen und internationalen Transferveranstaltungen.

Wir danken den Mitarbeitern der Firma Umwelt-Geräte-Technik (UGT) in Müncheberg, insbesondere Dr. Manfred Seyfahrt, Bernd Fürst †, Marc Paschen und Holger Schulz, für ihre Sachkenntnis, ihre Begeisterung, ihre Kreativität und ihren großen Einsatz bei der Entwicklung der Probenahmetechnologie und bei der Bodenprobenahme, dem Kernstück der Arbeiten.

Wir danken der Bundesanstalt für Materialprüfung und -forschung, Abteilung Mikro-ZfP, und dem Leibniz-Institut für Zoo- und Wildtierforschung (IZW) für die langjährige gute Zusammenarbeit bei der röntgen-computertomographischen Untersuchung von Bodenproben. Besonderer Dank geht an Frau Juliane Kühne von der Abteilung Computertomographie des IZW.

Für die Ermöglichung der praktischen Arbeiten im DIWELA-Projekt danken wir allen Betriebsleitern und Landwirten, die uns bei der Probenahme auf ihren Flächen unterstützt haben. Wir danken Gebhard Graf von Hardenberg und den Mitarbeitern der Komturei Lietzen für die Einrichtung des Praxisversuches Lietzen im Herbst 1996 und seine Weiterführung bis über 2023 hinaus als eine wichtige Grundlage unserer Arbeiten.

Ein großer Dank geht an das Leibniz-Zentrum für Agrarlandschaftsforschung (ZALF e. V.) für die Unterstützung und Ermöglichung unserer Forschungsarbeiten. Wir danken besonders den Mitarbeitern der Experimentellen Infrastrukturplattform (EIP FSM) in Müncheberg, vor allem Sven Schnabel, Matthias

Lemme und Frank Gesper und den Mitarbeitern des ehemaligen Instituts für Landnutzungssysteme, vor allem Gunild Rosner und Johannes Hufnagel.

Besonderen Dank schulden wir Dr. Helmut Rogasik, dem Pionier der Röntgen-Computertomographie im ehemaligen Institut für Bodenlandschaftsforschung, für seine Hilfe und Ratschläge zur Anwendung der CT in landwirtschaftlichen Böden, sowie seine Hinweise zum Manuskript des Gefügeatlas.

Dr. Catherine Fox (Agriculture & Agrifood Canada) und Prof. Dr. Gabriele Broll (Universität Osnabrück) danken wir für intensive Diskussionen zum Bodengefüge im Rahmen eines Kanadisch-Deutschen Projektes zur Bewertung der Oberbodenqualität.

Ihm und den Kollegen des 1992 neugegründeten ZALF Instituts für Bodenforschung danken wir für die gute Kooperation, die Inspiration und viele entscheidende Anregungen für eine praxisorientierte Boden(gefüge)forschung. Vielen Dank an die Kollegen der ZALF Arbeitsgruppe Forschungsdatenmanagement, besonders Thomas Kühnert, Nikolai Svoboda und Kristin Meier, und der Arbeitsgruppe Dateninfrastrukturen für die Unterstützung beim Datenmanagement und der Erstellung der Datenpublikation. Besonderen Dank an Dr. Ralf Wieland, Research Platform »Data Analysis & Simulation« und Adrian Krolczyk, ehemals Datenmanager des ZALF, für die innovative Analyse des Bodengefüges mithilfe von KI bereits im Jahre 2020.

PD Dr. Joachim Brunotte, vom Thuenen-Institut Braunschweig, danken wir für die kritische Durchsicht des Manuskriptes und zahlreiche Hinweise.

Für ihren Beitrag zum Druckkostenzuschuss danken wir Dr. Marek Rozniak von der MZURI World Inc., Wolfgang Nürnberger aus Rastenberg, der Gesellschaft für Konservierende Bodenbearbeitung (GKB e. V), und dem Leibniz-Zentrum für Agrarlandschaftsforschung (ZALF e. V.), besonders Stefanie Deters (ZALF-Transfer), Hendrik Schneider (PR) sowie Dr. Babette Münzenberger, ehemals PB1 Landschaftsprozesse.

Ein großes Dankeschön an die Senckenberg Gesellschaft für Naturforschung (SGN), vor allem an Prof. Dr. Thomas Schmitt, der uns die Beendigung der Arbeiten am Gefügeatlas im Deutschen Entomologischen Institut (DEI) in Müncheberg ermöglichte.

Außerdem danken wir der Deutschen Bodenkundlichen Gesellschaft, dem Bundesministerium für Landwirtschaft, und dem Ministerium für Landwirtschaft, Umwelt und Klimaschutz des Landes Brandenburgs für ihre langjährige Unterstützung.

LITERATURVERZEICHNIS

ALTEMÜLLER, H.-J. (1974). Mikroskopie der Böden mit Hilfe von Dünnschliffen. in FREUND, H. (ED.): Handbuch der Mikroskopie in der Technik. Frankf./M., Bd.4, Teil 2: 309–367.

ALTEMÜLLER, H.-J. (1984). Der Gefügezustand als Kriterium für Funktion und Güte des Bodens in der BRD. In: Anonymus 1985: Umweltprobleme der Landwirtschaft. Sondergutachten des Rates von Sachverständigen für Umweltfragen. März 1985. Stuttgart.

ALTEMÜLLER, H.-J. (1987). Der morphologische Bau des Bodens in Abhängigkeit vom Bodentyp und der Bodennutzung. In: Bodennutzung und Bodenfruchtbarkeit: Bd.2, Bodengefüge. Berichte über Landwirtschaft, Sonderheft, 204: 12–32.

AKKERMANN, M. (2004). Beurteilung des Abflusses einer angepassten Ackernutzung auf den Hochwasserabfluss. Dissertation, Hannover.

BARKUSKY, D., M. JOSCHKO, M. WALLA, F. ELLMER & F. GERLACH (2015). Vorteile auch beim Raps. Streifenbearbeitung in Ostbrandenburg. Landwirtschaft ohne Pflug, 7: 26–31.

BARKUSKY, D., M. JOSCHKO & J. REINHOLD (2020). C-Sequestrierung – Was kann die Landwirtschaft leisten? Dauerfeldversuche sind unverzichtbar. Landwirtschaft ohne Pflug, 6: 14–23.

BAEUMER, K. (1978). Allgemeiner Pflanzenbau. UTB für Wissenschaft, Band 18, Ulmer Verlag.

BERKENHAGEN, J. (1996). Die Morphologie von Oberflächenverschlämmungen bei variierten Entstehungsbedingungen und ihre Bestimmung mit Hilfe der Röntgen-Computertomographie. Dissertation TU Berlin.

BMEL (2021). Ackerbaustrategie 2035. Bundesministerium für Ernährung und Landwirtschaft BERLIN, August 2021.

BUNDESANSTALT FÜR GEOWISSENSCHAFTEN UND ROHSTOFFE (Hrsg.) (2005). Bodenkundliche Kartieranleitung. KA5. Hannover.

BRUNOTTE, J., M. JOSCHKO, H. ROGASIK & C. SOMMER (1996). Dem Boden »ins Maul geschaut«. Konservierende Bodenbearbeitung zu Zuckerrüben. Zuckerrübe, 45: 20–24.

BRUNOTTE, J., M. SENGER, M. VON HAAREN , J. HEYN, R. BRANDHUBER, H. VOSSHENRICH, J. EPPERLEIN, T. VORDERBRÜGGE, B. ORTMEIER, M. LORENZ & A. KYAS (2012). Einfache Feldgefügeansprache für den Praktiker. Johann Heinrich von Thünen Institut (vTi) für Agrartechnologie, Braunschweig, und Gesellschaft für Konservierende Bodenbearbeitung e. V. (GKB), 3. Verb. Auflage; Neuenhagen.

BRUNOTTE, J. UND EXPERTENGRUPPE (2016). Gute fachliche Praxis – Bodenfruchtbarkeit. DIN 19682-10:2014-07, Bodenbeschaffenheit – Felduntersuchungen – Teil 10: Beschreibung und Beurteilung des Bodengefüges.

DUMBECK, G. (1986). Bodenphysikalische und funktionelle Aspekte der Packungsdichte von Böden. Giessener Bodenkundliche Abhandlungen Bd. 3.

ELLMER F., S. KRÜCK & M. JOSCHKO (1995). Humushaushalt und Regenwurmaktivität auf einem verschieden intensiv genutzten lehmigen Sandboden. Mitteilungen der Deutschen Bodenkundlichen Gesellschaft, 76: 1301–1304

FOX, C.A., C.TARNOCAI, G. BROLL, M. JOSCHKO, D. KROETSCH & E. KENNEY (2014). Enhanced A Horizon Framework and Field Form for detailed field scale monitoring of dynamic soil properties. Can. J. Soil Sci., 94: 189–208.

GEYGER, E. (1979). Bodenstruktur und Regenwurm-Aktivität in einem Wiesenboden im Solling. Z. f. Pflanzenernährung und Bodenkunde, 142: 318–329.

GRAFF, O. (1979). Die Regenwurmfrage im 18. und 19. Jahrhundert und die Bedeutung Victor Hensens. Zeitschrift für Agrargeschichte und Agrarsoziologie 27, 1658: 232–243.

GRAFF, O. & K.-H. HARTGE (1974). Der Beitrag der Fauna zur Durchmischung und Lockerung des Bodens. Mitteilungen der Deutschen Bodenkundlichen Gesellschaft, 18: 447–460.

GRAFF, O. (1984). Unsere Regenwürmer: Lexikon für Freunde der Bodenbiologie. Schaper, Hannover.

GRASSMEL, I. (2017). Einfluss der Bewirtschaftung auf das Bodengefüge und Biodiversität: Untersuchungen mit der Röntgen-Computertomographie. Bachelorarbeit, Technische Universität Cottbus-Senftenberg.

HARRACH, T. (1981). Das System Boden. In: Boguslawski, E. von. Ackerbau - Grundlagen der Pflanzenproduktion. Frankfurt am Main, S. 127–168.

HARRACH, T. (2010a). Der Kulturzustand des Bodens in der Bodenschätzung am Beispiel der Pararendzina aus Löss. Tagungsbeitrag zu: Vortrags- und Exkursionstagung zur Bodenschätzung AG Bodenschätzung und Bodenbewertung der Deutschen Bodenkundlichen Gesellschaft, 07.–09.09.2010 im Kloster St. Marienthal bei Ostritz/Oberlausitz Berichte der DBG (nicht begutachtete online Publikation) http://www.dbges.de.

HARRACH, T. (2010b). Schutz der Ackerböden vor Verdichtung und Erosion durch reduzierte Bodenbearbeitung und Förderung der Regenwurmaktivität – Grundzüge eines Leitbildes »Anzustrebendes Bodengefüge«. Tagungsbeitrag zu: Gemeinsame Sitzung Kommission III DBG und Fachgruppe 4 Bundesverband Boden. Boden und Standortqualität – Bioindikation mit Regenwürmern. Veranstalter: DBG, BVB, Fachhochschule Osnabrück, 25.–26. Februar 2010. Berichte der DBG (nicht begutachtete online Publikation) http://www.dbges.de.

HARRACH, T. (2011). Schutz der Ackerböden vor Verdichtung und Erosion durch reduzierte Bodenbearbeitung und Förderung der Regenwurmaktivität – Mit Grundzügen eines Leitbildes »Anzustrebendes Bodengefüge«. Bodenschutz, 2: 49–53.

HARRACH, T., B. KEIL & T. VORDERBRÜGGE (1987). The influence of soil structure on rooting, nutrient uptake and yield formation. Proc. 20th Colloqu. Int. Potash Institute, Bern.

HARRACH, T. & T. VORDERBRÜGGE (1991). Die Wurzelentwicklung von Kulturpflanzen in Beziehung zum Bodentyp und Bodengefüge. Berichte über Landwirtschaft 204, Sonderheft 204: Bodennutzung und Bodenfruchtbarkeit, Bd. 2, Bodengefüge, S. 69–82.

HARRACH, T., B.M. PFEIFFER, S. HEITZMANN, S. SAUER & M. PETER (2003). Langfristige nutzungsbedingte Bodendegradierung ackerbaulich genutzter Lössböden in Sachsen. Abschlussbericht; im Auftrag des Sächsischen Landesamtes für Umwelt und Geologie.

HARRACH, T., W. KUHN & H. ZÖRB (1999). Klassifizierung von Gefügekennwerten zur Abgrenzung und Beurteilung von Schadverdichtungen nach wurzelökologischen Kriterien. Mitt. Dtsch. Bodenkdl. Ges., 91: 1217–1220.

HARRACH, T. & J. BRUNOTTE (2021). Gegen künftige Katastrophen. DLG-Mitteilungen, 10/2021: 56–58.

HARTGE, K. H. (1987): Compactation-, Infiltration- Erosion. Ein bisher übersehender Gesichtspunkt. Mitteilgn. Dtsch. Bodenkundl. Gesellsch., 55/I: 165–168.

HAUCK, T. (2016). Einfluss von Bodenbearbeitung, Bewässerung und Fruchtfolge auf ausgewählte Gruppen der Bodenfauna in sandigen Böden. Bachelor-Arbeit, Brandenburgische Technische Universität Cottbus-Senftenberg.

HEITZMANN, S. (2003). Bewirtschaftungsbedingte Ursachen der Verschlämmung und Erosion. Diplomarbeit, Gießen.

ILLERHAUS, B., M. JOSCHKO, D. BARKUSKY, J. REINHOLD, G. GLEIXNER & F. GERLACH (2011). Effect of lake sediment application on soil structure assessed by means of X-ray computed microtomography (CT). Goldschmidt Conference, Prag, 14.–19.08.2011. Goldschmidt Conference Abstracts 6.

ILLERHAUS, B., D. BARKUSKY, M. JOSCHKO, M. WALLA & F. GERLACH (2019). Mikrotomographie: neues Werkzeug für die Bodenforschung. Raps, 37: 1–3.

JIMENEZ, J.J., J. FILSER, S. BAROT & M.P. BERG (2020). COST Action ES1406 Soil fauna: Key to soil organic matter dynamics and modelling. HANDBOOK OF METHODS. COST Association, Brussels.

JOSCHKO, M. (1989). Einfluss von Regenwürmern (Lumbricidae) auf verdichteten Boden. Modellversuche. Diss. TU Braunschweig.

JOSCHKO, M. & H.-J. ALTEMÜLLER (1989). Dünnschliff-Untersuchungen an Regenwurm-Losung. Mitt. Dt. Bodenkundl. Ges., 59: 589–592.

JOSCHKO, M. (1990). Bodentiere und Bodenphysik. NNA-Berichte, 1990: 65–68.

JOSCHKO, M. & O. LARINK (1991). Nutzung der Röntgen-Computertomographie zur Untersuchung von Regenwurmgängen. Mitteilgn. Dtsch. Bodenk. Gesell., 66: 523–526.

JOSCHKO, M., O. GRAFF, P.C. MÜLLER, K. KOTZKE, P. LINDNER, D.P. PRETSCHNER & O. LARINK (1991). A non-destructive method for the morphological assessment of earthworm burrow systems in three dimensions by X-ray computed tomography. Biology and Fertility of Soils, 11: 88–92.

JOSCHKO, M., P.C. MÜLLER, K. KOTZKE & O. LARINK (1993). Earthworm burrow system development assessed by means of X-ray computed tomography. Geoderma, 56: 209–221.

JOSCHKO, M., H. ROGASIK & J. BRUNOTTE (1997). Einfluß konservierender Bodenbearbeitung auf Bodentiere und Bodengefüge von Lehmböden. Landbauforschung Völkenrode, Sonderheft, 178: 69–82.

JOSCHKO, M., R. GEBBERS, J. ROGASIK, W. HÖHN, W. HIEROLD, C.A. FOX & J. TIMMER (2009). Location-dependency of earthworm response to reduced tillage on sandy soil. Soil and Tillage Research, 102: 55–66.

JOSCHKO, M., T. HARRACH, D. BARKUSKY, R. WIELAND, B. ILLERHAUS, G. FRITSCH, T. HILDEBRANDT, J. EPPERLEIN, B. FROMME, F. GERLACH, H. SCHULZ & A. BEBLEK (2019). Virtuelle Schnitte durch den Boden. Untersuchung des Bodengefüges mit der Röntgen-Computertomographie. Neue Ansätze für eine praxisorientierte digitale Bodenuntersuchung. Landwirtschaft ohne Pflug, 4: 48–51.

KIBBLEWHITE, M.G., K. RITZ & M.J. SWIFT (2008). Soil health in agricultural systems. Phil. Trans. R. Soc. B, 363: 685–701.

KRÜCK, S. (2018). Bildatlas zur Regenwurmbestimmung mit einem Kompendium der Regenwurmfauna des Nordostdeutschen Tieflands. Natur + Text Verlag.

KURATORIUM FÜR TECHNIK UND BAUWESEN IN DER LANDWIRTSCHAFT e.V. (KTBL) (2014). Bodenbearbeitung und Bestellung Definition von Bodenbearbeitungs- und Bestellsystemen.

KURATORIUM FÜR TECHNIK UND BAUWESEN IN DER LANDWIRTSCHAFT e.V. (KTBL) (2021). Streifenbodenbearbeitung.

KUBIENA, W.L. (1938). Micropedology. Collegiate Press. Ames, Iowa, USA.

KUBIENA, W.L. (1953). Bestimmungsbuch und Systematik der Böden Europas. Enke Verlag Stuttgart.

KUKA, K., B. ILLERHAUS, G. FRITSCH, JOSCHKO, M., H. ROGASIK, M. PASCHEN, H. SCHULZ & M. SEYFARTH (2012). Maschinelle Entnahme ungestörter Bodenprobensäulen für die Röntgen-Computertomographie (german). ZfP-Journal of DGZfP, 129: 42–46. http://www.ndt.net/article/dgzfp/pdf/Fachbeitrag%20129.pdf

KUKA, K., B. ILLERHAUS, C.A. FOX & JOSCHKO, M. (2013). X-ray computed microtomography for the study of the soil root relationship in grassland soils. Vadose Zone Journal 12. Doi: 10.2136/vzj2013.01.0014

LEBERT, M., J. BRUNOTTE & C. SOMMER (2004). Ableitung von Kriterien zur Charakterisierung einer schädlichen Bodenveränderung, entstanden durch nutzungsbedingte Verdichtung von Böden/Regelungen zur Gefahrenabwehr. Umweltbundesamt, Texte 46 04.

LOLE, M. (2018). Innovative Agricultural Machinery for Strip Tillage. Mzuri Ltd., Worchestershire.

MEYER, B. (1985). Moderner Acker- und Pflanzenbau aus Sicht der Gestaltung des Bodengefüges durch Bodenbearbeitung. In: Unser Boden. BASF AG (ed.), Köln, S. 111–137.

MUNKHOLM, L.J., R.J. HECK & B. DEEN (2012). Soil pore characteristics assessed from X-ray micro-CT derived images and correlations to soil friability. Geoderma, 181–182: 22–29.

PETROVIC, A.M., J.E. SIEBERT & E.P. RIEKE (1982). Soil bulk density in three dimensions by computed tomographic scanning.Soil Science Society of America Journal, 46: 445–450.

REINHOLD, J. (2021). Zusammenhänge von Bodensubstratbestandteilen und Gefügekennziffern von Ackerböden. Poster DIWELA Feldtag 28.10.2021, ZALF Müncheberg.

ROGASIK, H., M. JOSCHKO & J. BRUNOTTE (1994). Nutzung der Röntgencomputertomographie zum Nachweis von Gefügeveränderungen durch Mulchsaat. Mitteilgn. Dtsch. Bodenkundl. Ges. 73: 111–114.

ROGASIK, H., M. WEINKAUF & M. SEYFARTH (1997). Methodik und Technologie zur Entnahme ungestörter Bodenproben. Archives of Agronomy and Soil Science, 41: 199–207.

ROGASIK, H., I. ONASCH, J. BRUNOTTE, D. JEGOU & O. WENDROTH (2003). Assessment of soil structure using X-ray computed tomography. In: MEES, F., R. SWENNEN, M. VAN GEET & P. JACOBS, P. (EDS.). Applications of X-ray Computed Tomography in the Geosciences. Geological Society, London, Special Publications, 215: 151–165.

ROTH, C. & M. JOSCHKO (1991). A note on the reduction of runoff from crusted soils by earthworm burrows and artificial channels. Zeitschrift für Pflanzenernährung und Bodenkunde, 154: 101–105.

ROTH, C. (1992). Die Bedeutung der Oberflächenverschlämmung für die Auslösung von Abfluss und Abtrag. Dissertation TU Berlin, Fachgebiete Bodenkunde und Regionale Bodenkunde, Institut für Ökologie.

ROTH, C (1996). Physikalische Ursachen der Wassererosion. In: BLUME, H.P., P. FELIX-HENNINGSEN, W.R. FISCHER, H.-G. FREDE, G. GUGGENBERGER, R. HORN & K. STAHR (Hrsg) Handbuch der Bodenkunde. Ecomed, Landsberg, S. 1–33.

RÜCKNAGEL, J., G. DUMBECK, T. HARRACH, E. HÖHNE & O. CHRISTENSEN (2013). Visual structure assessment and mechanical soil properties of re-cultivated soils made up of loess. Soil Use and Management, 29: 271–278.

SAUER, S. & T. HARRACH (2002). Konzept einer standörtlich-bodenkundlichen Geländebegehung als Bestandteil des Bestimmungsschlüssels zur Identifikation hochwasserrelevanter Flächen. Abschlussbericht; Auftraggeber: Landesamt für Wasserwirtschaft Rheinland-Pfalz, Mainz.

SAUERLANDT, W. & C. TIETJEN (1970). Humuswirtschaft des Ackerbaus. Frankfurt(Main).

SCHEFFER F. & P. SCHACHTSCHNABEL (1982). Lehrbuch der Bodenkunde. 11. Aufl., Stuttgart.

SCHMIDT, M. & M. STADLER (2017). Den Boden fit machen. Struktur, Leben, Fruchtbarkeit. Frankfurt am Main.

SCHURIG, M., JOSCHKO, M., K. KUKA, B. ILLERHAUS & G. FRITSCH (2015). Wenn Wissenschaftler spielen gehen… Bauernzeitung, 16: 30–31.

SEKERA, F. (1943). Gesunder und kranker Boden. Ein praktischer Wegweiser zur Gesunderhaltung des Ackers. Wien.

SEKERA, M. (2012). Gesunder und kranker Boden. 6. Auflage, Kevelaer.

SIEWERT C. & J. KUCERIK (2011). »Fingerprinting« – Indikatoren: Grundlage einer Bodenbewertung für nachhaltige Landnutzung ? Jahrestagung der DBG, Sept. 2011. http://eprints.dbges.de/623/

SELIGE T. & T. VORDERBRÜGGE (1994). Roots and Yield as Indicators of Soil Structure. In: KUTSCHERA, L., E. LICHTENEGGER, H. HÜBL, H. PERSSON, M. SOBOTIK (Autoren). Root Ecology and its Practical Application. 3rd ISRR-Symposium Wien, Univ. Bodenkultur, 1991. Verein für Wurzelforschung, A-9020 Klagenfurth (Herausgeber), S. 121–124.

TENHOLTERN, R. (2000). Bodengefüge, Durchwurzelung und Ertrag als Indikatoren für Lockerungsbedürftigkeit und Lockerungserfolg auf rekultivierten Standorten im rheinischen Braunkohlenrevier. Dissertation, Universität Gießen 1999.

TOLLNER, E.W., B.P. VERMA & J.M. CHESHIRE JR (1987). Observing soil-tool interactions and soil organisms using x-ray computer tomograpy. Trans. Am. Soc. Agric. Eng., 30: 1605–1610.

VEERMAN, C., T. PINTO CORREIA, C. BASTIOLI, B. BIRO, J. BOUMA, E. CIENCIALA, B. EMMETT, E.A. FRISON, A. GRAND, L. HRISTOV, Z. KRIAU I NIEN, M. POGRZEBA, J.-F. SOUSSANA, C. VELA & R. WITTKOWSKI (2020). Caring for soil is caring for life. Ensure 75% of soils are healthy by 2030 for healthy food, people, nature and climate. Interim report of the Mission Board for Soil health and food. European Commission, May 2020.

VORDERBRÜGGE, T. (1989). Einfluß des Bodengefüges auf Durchwurzelung und Ertrag bei Getreide – Untersuchungen an rekultivierten Böden und einem langjährigen Bodenbearbeitungsversuch. Giessener Bodenkundl. Abhandlungen 5, Gießen.

WEBER, R. (2020). Verfahrensvergleich von nicht-wendender Bodenbearbeitung und Strip-Till bei Winterweizen im Hinblick auf Pflanzenentwicklung, Ertragskomponenten und Ökonomie unter besonderer Berücksichtigung des Standortes im Anbaujahr 2018/2019. Bachelorarbeit Hochschule Neubrandenburg, Studiengang Agrarwirtschaft.

WESTERNACHER, E. & O. GRAFF (1987). Orientation behaviour of earthworms (Lumbricidae) towards different crops. Biology and Fertility of Soils, 3: 131–133.

WIELAND, R. & H. ROGASIK (2015). Method for analyzing soil structure according to the size of structural elements. Comput. Geosci., 75: 96–102.

WIELAND, R., C. UKAWA, M. JOSCHKO, A. KROLCZYK, G. FRITSCH, T.B. HILDEBRAND, T.B., O. SCHMIDT, J. FILSER & J.J. JIMENEZ (2021). Use of deep learning for structural analysis of computer tomography images of soil samples. Royal Society Open Sciences, 8: 201275.

Aestivation

Sommerschlaf von Regenwürmern: ungünstige Feuchtigkeitsverhältnisse überdauern sie zusammengerollt in einer mit Schleim ausgekleideten Aestivationshöhle. Aestivation zeigen vor allem ehemalige Steppenarten (z. B. *Aporrectodea caliginosa*) (siehe GRAFF, 1984).

Ap-Horizont

Durch regelmäßige Bodenbearbeitung beeinflußter Teil des A-Horizonts, auch als Ackerkrume bezeichnet.

Bodenbearbeitung

Nach KTBL (2014) werden 3 grundsätzliche Verfahren der Bodenbearbeitung unterschieden:

- Wendende Bodenbearbeitung: Die wendenden Systeme haben die höchste Bodenbearbeitungsintensität. Hier ist die Störung des Oberbodens bis 35 cm Tiefe sehr hoch. Die Grundbodenbearbeitung wird hier mit wendenden Werkzeugen durchgeführt. Klassisches Beispiel ist der Streichblechpflug.
- Nicht wendende Bodenbearbeitung: Die nicht wendenden Systeme haben durch ihre lockernde und mischende Arbeitsweise eine geringere Arbeitsintensität. Bei den nicht wendenden Systemen unterscheidet man in Systeme mit krumentiefer Lockerung auf bis zu 25 cm sowie Systeme ohne Lockerung, bei denen auf die eigentliche Grundbodenbearbeitung verzichtet wird und deren Arbeitstiefe auf 10 bis 15 cm begrenzt ist.
- Streifensaat: gehört zur nicht wendenden Bodenbearbeitung.
- Direktsaat: Das System der Direktsaat hat die geringste Bearbeitungsintensität. Die Saatgutablage erfolgt ohne vorherige Bodenbearbeitung im ungestörten Boden. Bei der Saat werden weniger als 1/3 der Reihenweite bearbeitet. Die Bearbeitungstiefe entspricht der Tiefe der Saatgutablage.

Bodenbearbeitung (kurz: BB)**, reduziert**

Eine Reduzierung der Bodenbearbeitung kann in der Tiefe (flach statt krumentief), in der Intensität (nicht wendend), in der Fläche (Streifensaat) oder in der Zeit (weniger häufig) erfolgen.

Exaktgrubber

Maschine zur nicht wendenden Bodenbearbeitung; intensive Durchmischung von Boden und Stroh durch mehrreihige Anordnung der Zinken, feinkrümeliges Saatbett.

Fruchtfolge

Zeitliche Aufeinanderfolge verschiedener Kulturpflanzen auf einem Feld.

Kulturzustand

Status der durch Bewirtschaftung kurz- bzw. mittelfristig veränderlichen Bodeneigenschaften. Die 4 wichtigsten Aspekte des Kulturzustandes sind nach HARRACH (2010a)

1) bodenchemischer Aspekt (Nährstoffversorgung, Kalkversorgung),
2) bodenphysikalischer Aspekt (Bodenstruktur in der Oberkrume, in der Unterkrume und im krumennahen Unterboden),
3) bodenbiologischer Aspekt (biologische Umsetzungsprozesse, Gefügebildung, Bioporen) und
4) Humusstatus.

Lagerungsdichte (siehe auch S. 29, 154)

Die Dichte des Bodens, d.h. das Verhältnis der Trockenmasse der festen Bestandteile zum Bodenvolumen (100 cm^3). Siehe auch »Packungsdichte« und »Verdichtung«.

Leguminosen

Eine besondere Rolle für die Gefügeverbesserung nehmen Leguminosen als Zwischenfrüchte in der Fruchtfolge ein. Sie erhöhen das Futterangebot für Regenwürmer und andere Bodenorganismen, fördern so das Bodenleben und die temporäre Kohlenstoff-Stabilisierung im Boden. Außer dieser indirekten Wirkung prägen sie das Bodengefüge direkt durch die unterschiedliche Art der Durchwurzelung. Besonders gefügeverbessernd wirken Leguminosen in Verbindung mit reduzierter Bodenbearbeitung. Aber: auch eine Fruchtfolge mit Leguminosen kann Fehler bei der Bodenbearbeitung nicht kompensieren. Leguminosen spielen eine besondere Rolle im Feldfutterbau.

Organische Düngung

Organische Düngung mit Stroh, Stallmist, Kompost etc. wirkt einerseits direkt auf das Bodengefüge ein und andererseits indirekt über die Aktivierung des Bodenlebens. Bei der Wirkung auf das Bodengefüge ist die unterschiedliche Humusreproduktionsleistung der verschiedenen organischen Materialien zu beachten. Im Hinblick auf die Stimulierung des Bodenlebens ist besonders der leichtabbaubare Anteil des Kohlenstoffs von Bedeutung.

Packungsdichte

Mit dem Begriff Packungsdichte (effektive Lagerungsdichte) wird eine Bodeneigenschaft bezeichnet, die Gefügeeigenschaften in Abhängigkeit vom Grad der Kompaktheit bzw. Lockerheit zusammenfasst und im Feld sensorisch ermittelt wird. Die Packungsdichte spiegelt die Wasser- und Luftdurchlässigkeit, die Durchwurzelbarkeit, die mechanische Tragfähigkeit und weitere Funktionen des Bodens wider.

Regenwürmer

Wichtigste Bodentiere für die Landwirtschaft (GRAFF, 1984; KRÜCK, 2018).

Streifensaat (Strip Till) (siehe auch S. 111)

Strip Till (Streifensaat; auch: Streifenbearbeitung, Streifenbodenbearbeitung) ist eine Sonderform der nicht wendenden Bodenbearbeitung. Die Bodenbearbeitung wird nur streifenweise durchgeführt: als partielle Grundbodenbearbeitung (Streifensaat mit Lockerung) oder partielle Saatbettbereitung (Streifensaat ohne Lockerung). Erfolgen Bodenbearbeitung und Aussaat in einem Arbeitsgang, spricht man vom One-Pass Verfahren. Verwendete Maschinen: HORSCH Focus, MZURI ProTil (siehe KTBL, 2021)

Verdichtung (siehe S. 50)

Typisches Beispiel eines nicht voll funktionsfähigen Bodens ist ein verdichteter Boden. Bodenverdichtung entsteht z. B. durch Belastung oder Befahrung des Bodens durch schweres Gerät bei mangelnder Stabilität des Gefüges. Kennzeichen eines verdichteten Bodens ist u. a. ein Verlust der Grobporen.

Zugrisse

Zugrisse bilden sich an Grenzfläche zwische plastischer und elastischer Verformung bei Druckbelastung. Zugrisse entstehen unmittelbar nach mechanischer Druckbelastung, wenn der Boden an der Grenzfläche von belastet zu unbelastet zurückfedert. Es handelt sich dabei um den elastischen (reversiblen) Teil der Verformung. Es verbleibt der Teil der plastischen, dauerhaften Verformung (Verdichtung).

Zwischenfrucht (kurz: ZwF)

Als Zwischenfrucht bezeichnet man eine Feldfrucht, die in den saisonal bedingten zeitlichen Lücken zwischen den zur Hauptnutzung dienenden Feldfrüchten als Gründüngung oder zur Nutzung als Tierfutter angebaut wird. Man unterscheidet zwischen Sommer- und Winterzwischenfrüchten. Positive Effekte des Anbaus sind: Nahrungsangebot für Bodenorganismen, Bodenschutz durch Bedeckung oder Nährstoffanreicherung, Nährstoffkonservierung sowie eine Verbesserung des Bodengefüges.

ABKÜRZUNGEN

AHL Ammonium-Nitrat-Harnstoff-Lösung, Stickstoffdünger, schnellwirkend.

Ag Aggregatgröße, wichtiger Parameter bei der Bestimmung der Packungsdichte (S. 29 und 154).

AZ Ackerzahl

BAM Bundesanstalt für Materialforschung und -prüfung

CT Abkürzung für Röntgen-Computertomographie; Verfahren der medizinischen Diagnostik, seit HOUNSFIELD 1972.

DPA Diammonphosphat (Phosphat-Stickstoff-Dünger)

C_{org} Organischer Kohlenstoff.

GKB Gesellschaft für Konservierende Bodenbearbeitung e. V.

IZW Leibniz-Institut für Zoo- und Wildtierforschung

KTBL Kuratorium für Technik und Bauwesen in der Landwirtschaft e. V.

La Lagerungsart der Aggregate; wichtiger Parameter bei der Bestimmung der Packungsdichte.

LKG Luzerne-Kleegras

Mb Biogene Makroporen, wichtiger Parameter bei der Bestimmung der Packungsdichte.

Pd Packungsdichte

Wm Mechanischer Bodenwiderstand; wichtiger Parameter bei der Bestimmung der Packungsdichte (S. 29 und 154).

WRaps Winterraps, Einsaat erfolgt im Herbst, Ernte im darauffolgenden Frühjahr.

Wv Wurzelverteilung, wichtiger Parameter bei der Bestimmung der Packungsdichte (S. 29 und 154).

ZALF Leibniz-Zentrum für Agrarlandschaftsforschung e. V.

Zh Zusammenhalt des Gefüges, wichtiger Parameter bei der Bestimmung der Packungsdichte (S. 29 und 154).

ZR Zuckerrübe (*Beta vulgaris*), bedeutendste Zuckerpflanze der gemäßigten Breiten.

ZwF Zwischenfrucht

Weitere Bücher im Pfeil-Verlag

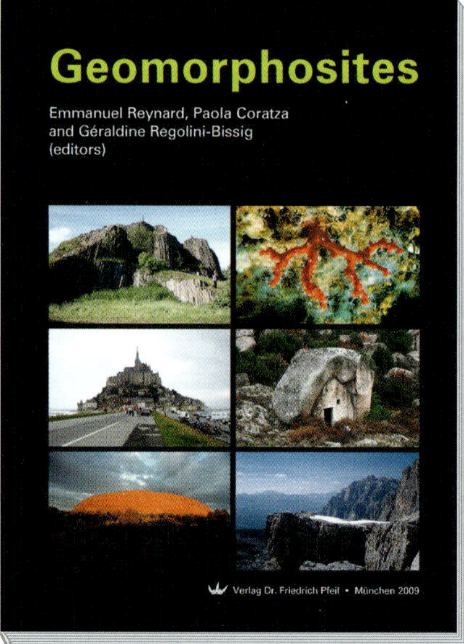

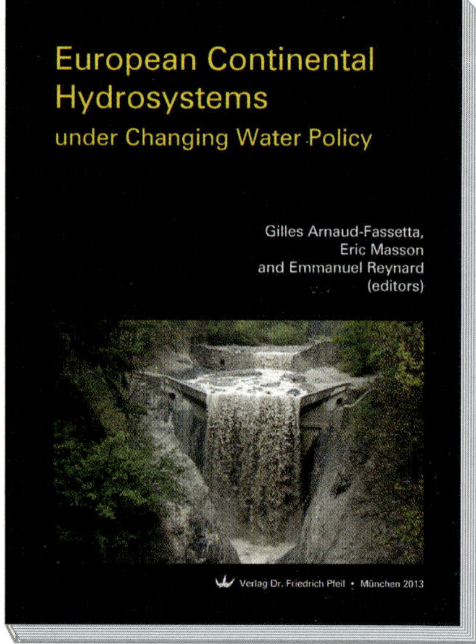